サイエンス
ライブラリ 数学＝35

テキスト 線形代数

－電子ファイルがサポートする学習－

押川 元重　著

サイエンス社

サイエンス社のホームページのご案内
http://www.saiensu.co.jp
ご意見・ご要望は　rikei@saiensu.co.jp　まで.

はじめに

世の中には多因子，多変量としてとらえることが必要な現象が少なくない．それらについては，いわゆる，多次元な思考が求められる．一方，線形と呼ばれる性質をもった操作や現象が世の中には少なくない．線形代数とは線形という代数的な性質を中心に多次元の思考をする学問である．線形という性質は1次性とも呼ばれるが，この用語の意味は線形代数を学ぶことを通して理解する．第10章では多変数関数の2次の項が線形代数の重要な対象になる．

世の中のさまざまなことについて，一般的なことが分かれば具体的なことについてもっと深く分かり，逆に，具体的なことがある程度分かっていないと一般的なことが空論に思えることがある．線形代数を学んで分かることは，この一般と具体の関係が露わに出てくることである．例えば，線形代数とは「ベクトルと行列について学ぶこと」であるというとらえ方に対して，「線形空間と線形写像について学ぶこと」であるというとらえ方がある．確かに，線形空間と線形写像について分かれば，ベクトルと行列についての理解が深まる．一方，ベクトルと行列のことについてある程度理解できていなければ線形空間と線形写像の理解が困難である．次元の概念についても2次元や3次元だけでなく一般の n 次元についての理解が必要である．行列についても行の個数と列の個数が小さい場合の計算に慣れたからといって，そうした計算にたびたび出会うわけではない．むしろ，さまざまな分野において大きな行列についてのコンピュータによる計算処理が行なわれていることからすれば，線形代数において重要なのは多次元な思考に慣れることである．しかし，一般的で多次元な議論になると論理的な性格が強くなる．また，そうした一般的論理的な議論を理解するためには具体的なものについての取り扱いに慣れることが大切である．

このような具体と一般の関係を考慮して，本テキストにおいてはどんな議論をしているのかをつかみやすくすることと，論理的な思考に慣れることの両方を配慮している．特に，議論のイメージをつかむための議論は主にテキストにおいて，論理的一般的な議論は付属の電子ファイルにおいて，それぞれ対応させながら取り扱うことを原則としている．ただし，9.7 節，10.6 節，および，11 章，12 章，13 章については，電子ファイルのみに内容を記載している．余裕があれば電子ファイルに書かれていることについても学習してほしい．もし，余裕がなければ，電子ファイルに書かれていることがあることを知ったうえで，学習を先に進めてほしい．きちんと書いたものがあることを具体的に知っていることは大切なことである．そうしたわずかな意識の違いが，学習の将来的な発展において重要な意味をもつに違いないからである．一般的に言っても，情報があふれている時代にあって，情報が存在する場所を知っていることは重要だからである．演習問題については詳しい解答を電子ファイルに示している．各章末の演習問題にはいくらかレベルが高いものも含まれているが，それらについてもすべて解答を示している．また，本書においては数値を与えての計算問題は最小限に留める代りに，数値問題を学習者自らがつくって解くための Excel ファイルを備えた．数値問題を解き慣れることは線形代数の理論の理解において大切なことであるが，それに加えて，数値問題をつくりだす仕組みを知ることによって，線形代数の理論の深い理解へと導かれることを願っている．

電子ファイルおよび Excel ファイルは下記の URL からダウンロードできる．なお，必要になった修正などを電子ファイルにおいて逐次行なうので見ていただきたい．

http://www.saiensu.co.jp　（パスワードは senkeif）

本書では行列と行列式について丁寧に説明している．また，正方行列を特徴づけるジョルダン標準化可能定理を数学的帰納法による証明と数学的帰納法によらない証明の両方を電子ファイルに示している．また，実対称行列の実対角化可能定理もジョルダン標準化可能定理を用いて証明している．

線形代数の講義は，たとえば，n 次元の点を表すのに $(x_1, x_2, \cdots, x_n)$ 等のように省略も行なわれながらも板書の量が多い．それらを書き写すことが線形代数の思考への慣れを導くであろうが，書き写すのに力が入るあまり，大切な思考が疎かになりかねない．本書の電子ファイルをプロジェクターで映して説明することは，そうした点を解決する方法の一つになるであろう．

原稿を読み通していただき貴重な意見をいただいた南正義さんと久保亜希子さん，それに，たくさんな助言と支援をいただいたサイエンス社の田島伸彦さんと鈴木綾子さん，荻上朱里さんに感謝する．

2014年6月　　　　押　川　元　重

目　次

第1章 行　　列

1.1　行列とその表し方

たとえば$\begin{pmatrix} 3 & 5 \\ 0 & -2 \end{pmatrix}$は4つの数が2行2列に並んでいる．$\begin{pmatrix} 2 & -1 & 3 \\ 0 & 3 & -2 \end{pmatrix}$は6つの数が2行3列に並んでいる．$\begin{pmatrix} 1 \\ -2 \\ 3 \end{pmatrix}$は3つの数が3行1列に並んでいる．このようにいくつかの行といくつかの列に数が並び両側から括弧で挟んだものを**行列**という．2行2列の行列を2×2行列，2行3列の行列を2×3行列，3行1列の行列を3×1行列ともいう．行列の中の数をその行列の**成分**という．成分が実数だけからなる行列を**実行列**，成分に複素数が入った行列を**複素行列**という．

数を一般的に表すのに文字を用いる．したがって，行列の成分は文字や文字式でも構わない．たとえば，$\begin{pmatrix} x & y \\ z & w \end{pmatrix}$は文字を用いた$2 \times 2$行列であり，$\begin{pmatrix} x+y \\ x-y \\ 2x-3y \end{pmatrix}$は文字式を用いた$3 \times 1$行列である．

2×2行列$\begin{pmatrix} a_{11} & a_{12} \\ a_{21} & a_{22} \end{pmatrix}$は第1行第1列成分を$a_{11}$，第1行第2列成分を$a_{12}$，第2行第1列成分を$a_{21}$，第2行第2列成分を$a_{22}$で表している．このように行列を一般的に表すのに**2重添字**を用いて成分を表すことがある．この方法を用いると，m, nを自然数とするとき，$m \times n$行列は

$$\begin{pmatrix} a_{11} & a_{12} & \cdots & a_{1n} \\ a_{21} & a_{22} & \cdots & a_{2n} \\ \vdots & \vdots & \ddots & \vdots \\ a_{m1} & a_{m2} & \cdots & a_{mn} \end{pmatrix}$$

と表すことができる．この行列の第 i 行第 j 列の成分は a_{ij} となるが，これをこの行列の(i,j) **成分**という（$i=1,2,\cdots,m,\ j=1,2,\cdots,n$）.

行列を論じるとき，すべての成分を繰り返して書き並べることを避けるため，

$$A=\begin{pmatrix} 3 & 5 \\ 0 & -2 \end{pmatrix} \text{とする}$$

といったように，一つのアルファベットの大文字で表すことがある.

1.2 行列の和と定数倍

同じ行の個数，同じ列の個数の 2 つの行列の和を考えることができる．行の個数も列の個数も同じ 2 つの行列 A,B について，各成分の和を成分とする行列を A と B の**和**といい，記号 $A+B$ で表す.

例 1.1. 2 つの 2×2 行列 $A=\begin{pmatrix} 1 & 3 \\ -2 & 0 \end{pmatrix}$ と $B=\begin{pmatrix} 2 & 1 \\ 2 & 2 \end{pmatrix}$ に対して，和は $A+B=\begin{pmatrix} 3 & 4 \\ 0 & 2 \end{pmatrix}$ であり，同じ 2×2 行列である.

例 1.2. 2 つの 2×3 行列 $A=\begin{pmatrix} 3 & 2 & 1 \\ -1 & 0 & 1 \end{pmatrix}$ と $B=\begin{pmatrix} 2 & 2 & 2 \\ 2 & 2 & 2 \end{pmatrix}$ に対して，和は $A+B=\begin{pmatrix} 5 & 4 & 3 \\ 1 & 2 & 3 \end{pmatrix}$ であり，同じ 2×3 行列である.

例 1.3. 2 つの 3×1 行列 $A=\begin{pmatrix} x \\ y \\ z \end{pmatrix}$ と $B=\begin{pmatrix} u \\ v \\ w \end{pmatrix}$ に対して，和は

$$A+B=\begin{pmatrix} x+u \\ y+v \\ z+w \end{pmatrix}$$ であり，同じ 3×1 行列である．

2 つの $m\times n$ 行列の和は $m\times n$ 行列であり，

$$\begin{pmatrix} a_{11} & a_{12} & \cdots & a_{1n} \\ a_{21} & a_{22} & \cdots & a_{2n} \\ \vdots & \vdots & \ddots & \vdots \\ a_{m1} & a_{m2} & \cdots & a_{mn} \end{pmatrix} + \begin{pmatrix} b_{11} & b_{12} & \cdots & b_{1n} \\ b_{21} & b_{22} & \cdots & b_{2n} \\ \vdots & \vdots & \ddots & \vdots \\ b_{m1} & b_{m2} & \cdots & b_{mn} \end{pmatrix}$$
$$= \begin{pmatrix} a_{11}+b_{11} & a_{12}+b_{12} & \cdots & a_{1n}+b_{1n} \\ a_{21}+b_{21} & a_{22}+b_{22} & \cdots & a_{2n}+b_{2n} \\ \vdots & \vdots & \ddots & \vdots \\ a_{m1}+b_{m1} & a_{m2}+b_{m2} & \cdots & a_{mn}+b_{mn} \end{pmatrix}$$

となる．

行列はその**定数倍**を考えることができる．行列 A と数 c に対して，A のすべての成分を c 倍した数を成分とする行列を A の c 倍といい，記号 cA で表す．

例 1.4. 2×2 行列 $A=\begin{pmatrix} 1 & 3 \\ -2 & 0 \end{pmatrix}$ の 2 倍は

$$2A=\begin{pmatrix} 2 & 6 \\ -4 & 0 \end{pmatrix}$$

であり，同じ 2×2 行列である．

例 1.5. 3×1 行列 $A=\begin{pmatrix} x \\ y \\ z \end{pmatrix}$ の c 倍は

$$cA=\begin{pmatrix} cx \\ cy \\ cz \end{pmatrix}$$

であり，同じ 3×1 行列である．

$m \times n$ 行列の c 倍は同じ $m \times n$ 行列であり，

$$c\begin{pmatrix} a_{11} & a_{12} & \cdots & a_{1n} \\ a_{21} & a_{22} & \cdots & a_{2n} \\ \vdots & \vdots & \ddots & \vdots \\ a_{m1} & a_{m2} & \cdots & a_{mn} \end{pmatrix} = \begin{pmatrix} ca_{11} & ca_{12} & \cdots & ca_{1n} \\ ca_{21} & ca_{22} & \cdots & ca_{2n} \\ \vdots & \vdots & \ddots & \vdots \\ ca_{m1} & ca_{m2} & \cdots & ca_{mn} \end{pmatrix}$$

となる．

行の個数も列の個数も同じ 2 つの行列 A, B について，**差**$A - B$ とは A と $(-1)B$ との和 $A + (-1)B$ のことである．

1.3 行　列　の　積

行列について最も重要であるのはその作用としての役割である．作用としての行列を重ねることに対応するのが行列の積である．まず，2×2 行列と 2×1 行列の積を説明する．

2×2 行列 $\begin{pmatrix} a & b \\ c & d \end{pmatrix}$ と 2×1 行列 $\begin{pmatrix} x \\ y \end{pmatrix}$ の**積**は 2×1 行列であり，

$$\begin{pmatrix} a & b \\ c & d \end{pmatrix}\begin{pmatrix} x \\ y \end{pmatrix} = \begin{pmatrix} ax + by \\ cx + dy \end{pmatrix}$$

となる．

例 1.6. 2×2 行列 $\begin{pmatrix} 2 & 3 \\ 4 & 5 \end{pmatrix}$ と 2×1 行列 $\begin{pmatrix} 6 \\ 7 \end{pmatrix}$ の積は次のようになる．

$$\begin{pmatrix} 2 & 3 \\ 4 & 5 \end{pmatrix}\begin{pmatrix} 6 \\ 7 \end{pmatrix} = \begin{pmatrix} 2 \times 6 + 3 \times 7 \\ 4 \times 6 + 5 \times 7 \end{pmatrix} = \begin{pmatrix} 33 \\ 59 \end{pmatrix}$$

問題 1.1. 次の行列の積を求めよ．

(1) $\begin{pmatrix} 3 & -1 \\ 2 & 3 \end{pmatrix}\begin{pmatrix} 2 \\ -2 \end{pmatrix}$　　(2) $\begin{pmatrix} 2 & 1 \\ 4 & 2 \end{pmatrix}\begin{pmatrix} 1 \\ -2 \end{pmatrix}$

次に 2×2 行列と 2×2 行列の積を説明する．

2 つの 2×2 行列 $\begin{pmatrix} a & b \\ c & d \end{pmatrix}$ と $\begin{pmatrix} x & u \\ y & v \end{pmatrix}$ の積は 2×2 行列であり，次により計算する．

$$\begin{pmatrix} a & b \\ c & d \end{pmatrix}\begin{pmatrix} x & u \\ y & v \end{pmatrix} = \begin{pmatrix} ax+by & au+bv \\ cx+dy & cu+dv \end{pmatrix}$$

例題 1.1. (1) $A = \begin{pmatrix} -5 & 2 \\ 3 & -4 \end{pmatrix}$, $B = \begin{pmatrix} 2 & 3 \\ 1 & 2 \end{pmatrix}$ とするとき，積 AB と積 BA を求めよ．

(2) $A = \begin{pmatrix} 2 & 1 \\ -2 & -1 \end{pmatrix}$, $B = \begin{pmatrix} 1 & -1 \\ -2 & 2 \end{pmatrix}$ とするとき，積 AB を求めよ．

【解答】

$$\begin{aligned}(1) \quad AB &= \begin{pmatrix} -5 & 2 \\ 3 & -4 \end{pmatrix}\begin{pmatrix} 2 & 3 \\ 1 & 2 \end{pmatrix} \\ &= \begin{pmatrix} (-5)\times 2 + 2 \times 1 & (-5) \times 3 + 2 \times 2 \\ 3 \times 2 + (-4) \times 1 & 3 \times 3 + (-4) \times 2 \end{pmatrix} \\ &= \begin{pmatrix} -8 & -11 \\ 2 & 1 \end{pmatrix}\end{aligned}$$

$$\begin{aligned}BA &= \begin{pmatrix} 2 & 3 \\ 1 & 2 \end{pmatrix}\begin{pmatrix} -5 & 2 \\ 3 & -4 \end{pmatrix} \\ &= \begin{pmatrix} 2 \times (-5) + 3 \times 3 & 2 \times 2 + 3 \times (-4) \\ 1 \times (-5) + 2 \times 3 & 1 \times 2 + 2 \times (-4) \end{pmatrix} \\ &= \begin{pmatrix} -1 & -8 \\ 1 & -6 \end{pmatrix}\end{aligned}$$

(2)

$$AB = \begin{pmatrix} 2 & 1 \\ -2 & -1 \end{pmatrix} \begin{pmatrix} 1 & -1 \\ -2 & 2 \end{pmatrix}$$
$$= \begin{pmatrix} 2\times 1 + 1\times(-2) & 2\times(-1)+1\times 2 \\ (-2)\times 1 + (-1)\times(-2) & (-2)\times(-1)+(-1)\times 2 \end{pmatrix}$$
$$= \begin{pmatrix} 0 & 0 \\ 0 & 0 \end{pmatrix}$$

■

数の積については $a \times b = b \times a$ がなりたつが，例題 1.1 の (1) で見るように，行列の積については $AB = BA$ は必ずしもなりたたない．なお，2 つの行列が等しいとは，それらの成分がすべて等しいことである．

数の積については「$ab = 0$ ならば，$a = 0$ または $b = 0$」がなりたつが，例題 1.1 の (2) で見るように，行列の積については，$A \neq O$ かつ $B \neq O$ であるのに $AB = O$ になることがある．ここで記号 O は成分がすべて 0 の行列（**零行列**という）とする．

問題 1.2. 次の行列の積を求めよ．

$$\begin{pmatrix} 2 & 3 \\ 4 & 5 \end{pmatrix} \begin{pmatrix} 3 & -1 \\ -2 & 3 \end{pmatrix}$$

例題 1.2. 2×2 行列 A が 2×2 行列 $B = \begin{pmatrix} 2 & 1 \\ 1 & 2 \end{pmatrix}$ に対して，$AB = BA$ の関係がなりたつならば，$A = p\begin{pmatrix} 1 & 0 \\ 0 & 1 \end{pmatrix} + q\begin{pmatrix} 2 & 1 \\ 1 & 2 \end{pmatrix}$ をみたす p, q が存在することを示せ．

【解答】 $A = \begin{pmatrix} a & b \\ c & d \end{pmatrix}$ と置くと，

$$\begin{pmatrix} a & b \\ c & d \end{pmatrix}\begin{pmatrix} 2 & 1 \\ 1 & 2 \end{pmatrix} = \begin{pmatrix} 2 & 1 \\ 1 & 2 \end{pmatrix}\begin{pmatrix} a & b \\ c & d \end{pmatrix}$$

両辺の $(1,1)$ 成分（第 1 行第 1 列の成分のこと）をみると，$2a+b=2a+c$ がなりたつから，$b=c$

両辺の $(1,2)$ 成分（第 1 行第 2 列の成分のこと）をみると，$a+2b=2b+d$ がなりたつから，$a=d$

したがって，

$$\begin{aligned} A &= \begin{pmatrix} a & b \\ b & a \end{pmatrix} \\ &= a\begin{pmatrix} 1 & 0 \\ 0 & 1 \end{pmatrix} + b\begin{pmatrix} 0 & 1 \\ 1 & 0 \end{pmatrix} \\ &= (a-2b)\begin{pmatrix} 1 & 0 \\ 0 & 1 \end{pmatrix} + 2b\begin{pmatrix} 1 & 0 \\ 0 & 1 \end{pmatrix} + b\begin{pmatrix} 0 & 1 \\ 1 & 0 \end{pmatrix} \\ &= (a-2b)\begin{pmatrix} 1 & 0 \\ 0 & 1 \end{pmatrix} + b\begin{pmatrix} 2 & 1 \\ 1 & 2 \end{pmatrix} \end{aligned}$$

ゆえに，$p=a-2b$, $q=b$ と置けば，

$$A = p\begin{pmatrix} 1 & 0 \\ 0 & 1 \end{pmatrix} + q\begin{pmatrix} 2 & 1 \\ 1 & 2 \end{pmatrix}$$

がなりたつ． ■

問題 1.3. 2×2 行列 A が 2×2 行列 $B=\begin{pmatrix} 0 & 1 \\ 2 & 1 \end{pmatrix}$ に対して，$AB=BA$ の関係がなりたつならば，$A=p\begin{pmatrix} 1 & 0 \\ 0 & 1 \end{pmatrix}+q\begin{pmatrix} 0 & 1 \\ 2 & 1 \end{pmatrix}$ をみたす p,q が存在することを示せ．

問題 1.4. 2×2 行列 A がすべての 2×2 行列 B に対して，$AB=BA$ の関係がなりたつならば，$A=p\begin{pmatrix} 1 & 0 \\ 0 & 1 \end{pmatrix}$ をみたす p が存在することを示せ．

次に 2×3 行列と 3×1 行列の積を説明する．

2×3 行列 $A=\begin{pmatrix} a & b & c \\ d & e & f \end{pmatrix}$ と 3×1 行列 $B=\begin{pmatrix} x \\ y \\ z \end{pmatrix}$ の積 AB は 2×1 行列であり，次で与えられる．

$$AB=\begin{pmatrix} ax+by+cz \\ dx+ey+fz \end{pmatrix}$$

一般に，行列 A の「列の個数」と行列 B の「行の個数」が一致するとき，積 AB を考えることができる．A を $m\times n$ 行列，B を $n\times \ell$ 行列とすると，**積**AB が $m\times \ell$ 行列として定まる．A の第 i 行は n 個の成分からなり，B の第 j 列も n 個の成分からなるので，それらを順番にかけ合わせた n 個の数を加え合わせた数が積 AB の (i,j) 成分である．行列 A の列の個数と行列 B の行の個数が一致しないときは，積 AB を考えることができない．

例題 1.3. 次の行列の積を求めよ．

(1) $\begin{pmatrix} 2 & 1 & 3 \end{pmatrix}\begin{pmatrix} -1 & 3 \\ 0 & 3 \\ 2 & -1 \end{pmatrix}$

(2) $\begin{pmatrix} 1 & -2 \\ 3 & 1 \end{pmatrix}\begin{pmatrix} 2 & 0 & -1 \\ 1 & 3 & -1 \end{pmatrix}$

【解答】 (1) 1×3 行列と 3×2 行列の積で，1×2 行列になる．

$$\begin{aligned}\begin{pmatrix} 2 & 1 & 3 \end{pmatrix}\begin{pmatrix} -1 & 3 \\ 0 & 3 \\ 2 & -1 \end{pmatrix} &= \begin{pmatrix} 2\times(-1)+1\times 0+3\times 2 & 2\times 3+1\times 3+3\times(-1) \end{pmatrix} \\ &= \begin{pmatrix} 4 & 6 \end{pmatrix}\end{aligned}$$

(2) 2×2 行列と 2×3 行列の積で，2×3 行列になる．

$$\begin{pmatrix} 1 & -2 \\ 3 & 1 \end{pmatrix}\begin{pmatrix} 2 & 0 & -1 \\ 1 & 3 & -1 \end{pmatrix}$$
$$= \begin{pmatrix} 1\times 2+(-2)\times 1 & 1\times 0+(-2)\times 3 & 1\times(-1)+(-2)\times(-1) \\ 3\times 2+1\times 1 & 3\times 0+1\times 3 & 3\times(-1)+1\times(-1) \end{pmatrix}$$
$$= \begin{pmatrix} 0 & -6 & 1 \\ 7 & 3 & -4 \end{pmatrix}$$ ■

問題 1.5. 次の行列の積を求めよ.

(1) $\begin{pmatrix} 2 & 3 & -1 \\ 1 & 2 & 4 \\ -3 & 1 & 2 \end{pmatrix}\begin{pmatrix} 1 \\ -3 \\ 2 \end{pmatrix}$

(2) $\begin{pmatrix} 3 & 0 & 2 \\ 1 & 3 & 0 \\ 0 & 3 & 1 \end{pmatrix}\begin{pmatrix} 0 & 1 & 3 \\ 2 & 0 & 1 \\ 3 & 2 & 0 \end{pmatrix}$

(3) $\begin{pmatrix} 1 & 3 & 2 \end{pmatrix}\begin{pmatrix} 2 \\ -1 \\ 2 \end{pmatrix}$

(4) $\begin{pmatrix} 2 \\ -1 \\ 3 \end{pmatrix}\begin{pmatrix} x & y & z \end{pmatrix}$

(5) $\begin{pmatrix} 1 & 3 & -1 \\ 4 & 1 & -2 \end{pmatrix}\begin{pmatrix} 1 & 0 & 0 \\ 0 & 1 & 0 \\ 0 & 0 & 1 \end{pmatrix}$

(6) $\begin{pmatrix} 1 & 0 & 0 \\ 0 & 1 & 0 \\ 0 & 0 & 1 \end{pmatrix}\begin{pmatrix} x \\ y \\ z \end{pmatrix}$

行の個数と列の個数が等しい行列を**正方行列**という.
正方行列で左上から右下にかけての対角成分はすべて1で, その他の成分はすべて0であるものを**単位行列**という.

$$E_2 = \begin{pmatrix} 1 & 0 \\ 0 & 1 \end{pmatrix}, \quad E_3 = \begin{pmatrix} 1 & 0 & 0 \\ 0 & 1 & 0 \\ 0 & 0 & 1 \end{pmatrix}, \quad E_4 = \begin{pmatrix} 1 & 0 & 0 & 0 \\ 0 & 1 & 0 & 0 \\ 0 & 0 & 1 & 0 \\ 0 & 0 & 0 & 1 \end{pmatrix}$$

はそれぞれ $2\times 2, 3\times 3, 4\times 4$ の単位行列である．このように $n\times n$ 単位行列を n 次の単位行列といい，記号 E_n で表すことにするが，n を省略して E で表すこともある．

1.4 転　置　行　列

行列 A の行と列を入れ替えてできる行列を A の**転置行列**といい，記号 A^T で表す．

例 1.7. 2×3 行列 $A=\begin{pmatrix} 3 & 2 & 1 \\ -1 & 0 & 4 \end{pmatrix}$ の転置行列は $A^T=\begin{pmatrix} 3 & -1 \\ 2 & 0 \\ 1 & 4 \end{pmatrix}$ となり 3×2 行列である．

例 1.8. 2×2 行列 $A=\begin{pmatrix} x & y \\ z & w \end{pmatrix}$ の転置行列は $A^T=\begin{pmatrix} x & z \\ y & w \end{pmatrix}$ となり 2×2 行列である．

1.5 行列の和，定数倍，積，転置の性質

定理 1.1. 行列の和，定数倍，積，転置には次の性質がある．ただし，それぞれ和や積を考えることができる場合になりたつ性質である．つまり，和 $A+B$ は A と B の行の個数および列の個数が一致する場合のみ考え，積 AB は A の列の個数と B の行の個数が一致する場合のみ考える．なお，c は数とする．

(1) $(A+B)+C=A+(B+C)$

(2) $A+B=B+A$

(3) $c(A+B)=cA+cB$

(4) $(AB)C=A(BC)$

(5) $c(AB)=(cA)B=A(cB)$

(6) $A(B+C)=AB+AC$

(7)　$(A+B)C = AC + BC$

(8)　E を次数が A の列の個数と一致する単位行列とするとき，$AE = A$

(9)　E を次数が A の行の個数と一致する単位行列とするとき，$EA = A$

(10)　$(A^T)^T = A$

(11)　$(A+B)^T = A^T + B^T$

(12)　$(cA)^T = cA^T$

(13)　$(AB)^T = B^T A^T$

ここでは，性質 (2), (4), (13) がなりたつことを，2×3 行列等の場合について確かめる．残りの性質の確かめは電子ファイルで示す．

(2)　$A = \begin{pmatrix} a_{11} & a_{12} \\ a_{21} & a_{22} \\ a_{31} & a_{32} \end{pmatrix}, B = \begin{pmatrix} b_{11} & b_{12} \\ b_{21} & b_{22} \\ b_{31} & b_{32} \end{pmatrix}$ のとき $A+B = B+A$ を証明する．

$$A+B = \begin{pmatrix} a_{11}+b_{11} & a_{12}+b_{12} \\ a_{21}+b_{21} & a_{22}+b_{22} \\ a_{31}+b_{31} & a_{32}+b_{32} \end{pmatrix} \text{ であり } B+A = \begin{pmatrix} b_{11}+a_{11} & b_{12}+a_{12} \\ b_{21}+a_{21} & b_{22}+a_{22} \\ b_{31}+a_{31} & b_{32}+a_{32} \end{pmatrix}$$

だから，$A+B = B+A$ がなりたつ．両辺の 6 つの成分がそれぞれ一致するからである．

(4)　$A = \begin{pmatrix} a_{11} & a_{12} \\ a_{21} & a_{22} \end{pmatrix}, B = \begin{pmatrix} b_{11} & b_{12} \\ b_{21} & b_{22} \end{pmatrix}, C = \begin{pmatrix} c_{11} & c_{12} \\ c_{21} & c_{22} \end{pmatrix}$ のとき $(AB)C = A(BC)$ を証明する．

$$AB = \begin{pmatrix} a_{11}b_{11} + a_{12}b_{21} & a_{11}b_{12} + a_{12}b_{22} \\ a_{21}b_{11} + a_{22}b_{21} & a_{21}b_{12} + a_{22}b_{22} \end{pmatrix} \text{ となり，}$$

$$(AB)C = \begin{pmatrix} (a_{11}b_{11} + a_{12}b_{21})c_{11} + (a_{11}b_{12} + a_{12}b_{22})c_{21} & (a_{11}b_{11} + a_{12}b_{21})c_{12} + (a_{11}b_{12} + a_{12}b_{22})c_{22} \\ (a_{21}b_{11} + a_{22}b_{21})c_{11} + (a_{21}b_{12} + a_{22}b_{22})c_{21} & (a_{21}b_{11} + a_{22}b_{21})c_{12} + (a_{21}b_{12} + a_{22}b_{22})c_{22} \end{pmatrix}$$

となる．

$$BC = \begin{pmatrix} b_{11}c_{11} + b_{12}c_{21} & b_{11}c_{12} + b_{12}c_{22} \\ b_{21}c_{11} + b_{22}c_{21} & b_{21}c_{12} + b_{22}c_{22} \end{pmatrix}$$ となり，

$$A(BC) = \begin{pmatrix} a_{11}(b_{11}c_{11} + b_{12}c_{21}) + a_{12}(b_{21}c_{11} + b_{22}c_{21}) & a_{11}(b_{11}c_{12} + b_{12}c_{22}) + a_{12}(b_{21}c_{12} + b_{22}c_{22}) \\ a_{21}(b_{11}c_{11} + b_{12}c_{21}) + a_{22}(b_{21}c_{11} + b_{22}c_{21}) & a_{21}(b_{11}c_{12} + b_{12}c_{22}) + a_{22}(b_{21}c_{12} + b_{22}c_{22}) \end{pmatrix}$$

となる．したがって，$(AB)C = A(BC)$ がなりたつ．両辺の 4 つの成分がそれぞれ一致するからである．

(13)　$A = \begin{pmatrix} a_{11} & a_{12} & a_{13} \\ a_{21} & a_{22} & a_{23} \end{pmatrix}, B = \begin{pmatrix} b_{11} & b_{12} \\ b_{21} & b_{22} \\ b_{31} & b_{32} \end{pmatrix}$ のとき

　$(AB)^T = B^T A^T$ を証明する．

$$AB = \begin{pmatrix} a_{11}b_{11} + a_{12}b_{21} + a_{13}b_{31} & a_{11}b_{12} + a_{12}b_{22} + a_{13}b_{32} \\ a_{21}b_{11} + a_{22}b_{21} + a_{23}b_{31} & a_{21}b_{12} + a_{22}b_{22} + a_{23}b_{32} \end{pmatrix}$$ だから，

$$(AB)^T = \begin{pmatrix} a_{11}b_{11} + a_{12}b_{21} + a_{13}b_{31} & a_{21}b_{11} + a_{22}b_{21} + a_{23}b_{31} \\ a_{11}b_{12} + a_{12}b_{22} + a_{13}b_{32} & a_{21}b_{12} + a_{22}b_{22} + a_{23}b_{32} \end{pmatrix}$$ となる．

$$B^T = \begin{pmatrix} b_{11} & b_{21} & b_{31} \\ b_{12} & b_{22} & b_{32} \end{pmatrix}, \quad A^T = \begin{pmatrix} a_{11} & a_{21} \\ a_{12} & a_{22} \\ a_{13} & a_{23} \end{pmatrix}$$ だから，

$$B^T A^T = \begin{pmatrix} b_{11}a_{11} + b_{21}a_{12} + b_{31}a_{13} & b_{11}a_{21} + b_{21}a_{22} + b_{31}a_{23} \\ b_{12}a_{11} + b_{22}a_{12} + b_{32}a_{13} & b_{12}a_{21} + b_{22}a_{22} + b_{32}a_{23} \end{pmatrix}$$ となる．

ゆえに，$(AB)^T = B^T A^T$ がなりたつ．両辺の 6 つの成分がそれぞれ一致するからである．

定理 1.1 の行列の性質がなりたつことの 2×3 行列等の場合の確かめを実行してみると，行や列の個数が大きい一般の行列についてもこれらの性質がなり

たつことを承認できる．そうした承認は有効であるが，特定のケースの行列に限定しない一般の行列について明確に証明することが望ましい．そのためには一般の行列を簡潔にしかも明確に表現する方法が必要である．それは，抽象性の度合いが高くしかも簡潔な議論に慣れ親しむ訓練にもなるであろう．行列を一般的に表現する方法およびそれを用いた定理 1.1 の証明は電子ファイルにおいて示す．

1.6　正方行列の n 乗

n を自然数とするとき，正方行列 A の n 個の積を A^n で表し，A の **n 乗**という．

例題 1.4. $\begin{pmatrix} 1 & 2 \\ 2 & 1 \end{pmatrix}^4$ を求めよ．

【解答】

$$\begin{pmatrix} 1 & 2 \\ 2 & 1 \end{pmatrix}^2 = \begin{pmatrix} 1 & 2 \\ 2 & 1 \end{pmatrix}\begin{pmatrix} 1 & 2 \\ 2 & 1 \end{pmatrix} = \begin{pmatrix} 5 & 4 \\ 4 & 5 \end{pmatrix}$$

$$\begin{pmatrix} 1 & 2 \\ 2 & 1 \end{pmatrix}^3 = \begin{pmatrix} 5 & 4 \\ 4 & 5 \end{pmatrix}\begin{pmatrix} 1 & 2 \\ 2 & 1 \end{pmatrix} = \begin{pmatrix} 13 & 14 \\ 14 & 13 \end{pmatrix}$$

$$\begin{pmatrix} 1 & 2 \\ 2 & 1 \end{pmatrix}^4 = \begin{pmatrix} 13 & 14 \\ 14 & 13 \end{pmatrix}\begin{pmatrix} 1 & 2 \\ 2 & 1 \end{pmatrix} = \begin{pmatrix} 41 & 40 \\ 40 & 41 \end{pmatrix}$$

■

例題 1.5. $\begin{pmatrix} a & 1 & 0 \\ 0 & a & 1 \\ 0 & 0 & a \end{pmatrix}^n = \begin{pmatrix} a^n & na^{n-1} & \frac{n(n-1)}{2}a^{n-2} \\ 0 & a^n & na^{n-1} \\ 0 & 0 & a^n \end{pmatrix}$ がなりたつことを帰納法で示せ．

【解答】 $n=1$ のときはなりたっている．n のときなりたつとして，$n+1$ のときを考える．

$$\begin{pmatrix} a & 1 & 0 \\ 0 & a & 1 \\ 0 & 0 & a \end{pmatrix}^{n+1} = \begin{pmatrix} a & 1 & 0 \\ 0 & a & 1 \\ 0 & 0 & a \end{pmatrix}^{n} \begin{pmatrix} a & 1 & 0 \\ 0 & a & 1 \\ 0 & 0 & a \end{pmatrix}$$

$$= \begin{pmatrix} a^n & na^{n-1} & \frac{n(n-1)}{2}a^{n-2} \\ 0 & a^n & na^{n-1} \\ 0 & 0 & a^n \end{pmatrix} \begin{pmatrix} a & 1 & 0 \\ 0 & a & 1 \\ 0 & 0 & a \end{pmatrix}$$

$$= \begin{pmatrix} a^{n+1} & na^n + a^n & na^{n-1} + \frac{n(n-1)}{2}a^{n-1} \\ 0 & a^{n+1} & a^n + na^n \\ 0 & 0 & a^{n+1} \end{pmatrix}$$

$$= \begin{pmatrix} a^{n+1} & (n+1)a^n & \frac{(n+1)n}{2}a^{n-1} \\ 0 & a^{n+1} & (n+1)a^n \\ 0 & 0 & a^{n+1} \end{pmatrix}$$

となり，$n+1$ のときもなりたっている．したがって，すべての自然数 n についてなりたつ． ■

問題 1.6. 次を求めよ．

(1) $\begin{pmatrix} 3 & -2 \\ 2 & 3 \end{pmatrix}^5$

(2) $\begin{pmatrix} -2 & 1 & 2 \\ 3 & 2 & -1 \\ 1 & 3 & -1 \end{pmatrix}^3$

問題 1.7. n を自然数とするとき，$\begin{pmatrix} a & 1 \\ 0 & a \end{pmatrix}^n$ を求めよ．

2つの $n \times n$ 行列 A, B が $AB = BA$ をみたすとき，A と B は**可換**であるという．可換な正方行列 A, B について，可換性を用いて計算すると，

$$
\begin{aligned}
(A+B)^2 &= (A+B)(A+B) \\
&= A^2 + AB + BA + B^2 \\
&= A^2 + AB + AB + B^2 \\
&= A^2 + 2AB + B^2 \\
(A+B)^3 &= (A+B)(A^2 + 2AB + B^2) \\
&= A(A^2 + 2AB + B^2) + B(A^2 + 2AB + B^2) \\
&= A^3 + 2A^2B + AB^2 + BA^2 + 2BAB + B^3 \\
&= A^3 + 2A^2B + AB^2 + A^2B + 2AB^2 + B^3 \\
&= A^3 + 3A^2B + 3AB^2 + B^3
\end{aligned}
$$

がなりたつ．一般に次がなりたつ．

定理 1.2. 2 つの可換な $n \times n$ 行列 A, B について，次がなりたつ．

$$
\begin{aligned}
(A+B)^k = A^k + kA^{k-1}B + \frac{k(k-1)}{2}A^{k-2}B^2 + \frac{k(k-1)(k-2)}{6}A^{k-3}B^3 \\
+ \cdots + \frac{k!}{(k-i)!i!}A^{k-i}B^i + \cdots + B^k
\end{aligned}
$$

$$
= \sum_{i=0}^{k} \binom{k}{i} A^{k-i}B^i
$$

ここで $k! = k \times (k-1) \times \cdots \times 3 \times 2 \times 1$ であり，$\binom{k}{i} = \frac{k!}{(k-i)!i!}$ は**2 項係数**である．

この定理の証明は行列の可換性を用いるほかは数式の 2 項定理の証明と同じである．証明は電子ファイルにおいて示す．

例題 1.6. k を自然数とするとき，$\begin{pmatrix} a & 1 & 0 \\ 0 & a & 1 \\ 0 & 0 & a \end{pmatrix}^k$ を求めよ．

【解答】 $A = \begin{pmatrix} a & 0 & 0 \\ 0 & a & 0 \\ 0 & 0 & a \end{pmatrix}$ と置くと，$A^k = \begin{pmatrix} a^k & 0 & 0 \\ 0 & a^k & 0 \\ 0 & 0 & a^k \end{pmatrix}$ となり，

$B = \begin{pmatrix} 0 & 1 & 0 \\ 0 & 0 & 1 \\ 0 & 0 & 0 \end{pmatrix}$ と置くと，

$$B^2 = \begin{pmatrix} 0 & 1 & 0 \\ 0 & 0 & 1 \\ 0 & 0 & 0 \end{pmatrix}\begin{pmatrix} 0 & 1 & 0 \\ 0 & 0 & 1 \\ 0 & 0 & 0 \end{pmatrix} = \begin{pmatrix} 0 & 0 & 1 \\ 0 & 0 & 0 \\ 0 & 0 & 0 \end{pmatrix}$$

$$B^3 = \begin{pmatrix} 0 & 1 & 0 \\ 0 & 0 & 1 \\ 0 & 0 & 0 \end{pmatrix}\begin{pmatrix} 0 & 0 & 1 \\ 0 & 0 & 0 \\ 0 & 0 & 0 \end{pmatrix} = \begin{pmatrix} 0 & 0 & 0 \\ 0 & 0 & 0 \\ 0 & 0 & 0 \end{pmatrix}$$

となる．また，A と B は可換だから，

$$\begin{pmatrix} a & 1 & 0 \\ 0 & a & 1 \\ 0 & 0 & a \end{pmatrix}^k = (A+B)^k$$

$$= A^k + kA^{k-1}B + \frac{k(k-1)}{2}A^{k-2}B^2 + O$$

がなりたつので，

$$\begin{pmatrix} a & 1 & 0 \\ 0 & a & 1 \\ 0 & 0 & a \end{pmatrix}^k$$

$$= \begin{pmatrix} a^k & 0 & 0 \\ 0 & a^k & 0 \\ 0 & 0 & a^k \end{pmatrix} + k\begin{pmatrix} a^{k-1} & 0 & 0 \\ 0 & a^{k-1} & 0 \\ 0 & 0 & a^{k-1} \end{pmatrix}\begin{pmatrix} 0 & 1 & 0 \\ 0 & 0 & 1 \\ 0 & 0 & 0 \end{pmatrix}$$

$$
+\frac{k(k-1)}{2}\begin{pmatrix} a^{k-2} & 0 & 0 \\ 0 & a^{k-2} & 0 \\ 0 & 0 & a^{k-2} \end{pmatrix}\begin{pmatrix} 0 & 0 & 1 \\ 0 & 0 & 0 \\ 0 & 0 & 0 \end{pmatrix}
$$

$$
= \begin{pmatrix} a^k & 0 & 0 \\ 0 & a^k & 0 \\ 0 & 0 & a^k \end{pmatrix} + \begin{pmatrix} 0 & ka^{k-1} & 0 \\ 0 & 0 & ka^{k-1} \\ 0 & 0 & 0 \end{pmatrix}
$$

$$
+ \begin{pmatrix} 0 & 0 & \frac{k(k-1)}{2}a^{k-2} \\ 0 & 0 & 0 \\ 0 & 0 & 0 \end{pmatrix}
$$

$$
= \begin{pmatrix} a^k & ka^{k-1} & \frac{k(k-1)}{2}a^{k-2} \\ 0 & a^k & ka^{k-1} \\ 0 & 0 & a^k \end{pmatrix}
$$

となる． ■

問題 1.8. k を自然数とするとき， $\begin{pmatrix} a & 0 & 0 \\ 0 & b & 1 \\ 0 & 0 & b \end{pmatrix}^k$ を求めよ．

問題 1.9. 4 つの $n \times n$ 行列 A, B, C, D が互いに可換である（どの 2 つをとっても可換であること）とき，$A + B$ と $C + D$ は可換であることを示せ．

1.7 線形システム（1）

ある地域で毎年，市街部（urban）の人口の 10%が郊外（suburb）に移住し，郊外の人口の 20%が市街部に移住するものとする．なお，市街部の人口と郊外の人口の合計は変わらないものとする．初年度の市街部の人口を u_0，郊外の人口を s_0 とし，1 年後の市街部の人口を u_1，郊外の人口を s_1 とすれば，$u_1 = 0.9u_0 + 0.2s_0$,　$s_1 = 0.1u_0 + 0.8s_0$ となる．これを行列を用いると，

$$\begin{pmatrix} u_1 \\ s_1 \end{pmatrix} = \begin{pmatrix} 0.9 & 0.2 \\ 0.1 & 0.8 \end{pmatrix} \begin{pmatrix} u_0 \\ s_0 \end{pmatrix}$$

と表せる．

2 年後の市街部の人口を u_2，郊外の人口を s_2 とすれば，

$$\begin{aligned} \begin{pmatrix} u_2 \\ s_2 \end{pmatrix} &= \begin{pmatrix} 0.9 & 0.2 \\ 0.1 & 0.8 \end{pmatrix} \begin{pmatrix} u_1 \\ s_1 \end{pmatrix} \\ &= \begin{pmatrix} 0.9 & 0.2 \\ 0.1 & 0.8 \end{pmatrix} \begin{pmatrix} 0.9 & 0.2 \\ 0.1 & 0.8 \end{pmatrix} \begin{pmatrix} u_0 \\ s_0 \end{pmatrix} \\ &= \begin{pmatrix} 0.9 & 0.2 \\ 0.1 & 0.8 \end{pmatrix}^2 \begin{pmatrix} u_0 \\ s_0 \end{pmatrix} \end{aligned}$$

となる．n 年後の市街部の人口を u_n，郊外の人口を s_n とすれば，

$$\begin{pmatrix} u_n \\ s_n \end{pmatrix} = \begin{pmatrix} 0.9 & 0.2 \\ 0.1 & 0.8 \end{pmatrix}^n \begin{pmatrix} u_0 \\ s_0 \end{pmatrix}$$

となる．これらの仮定のもとで後で学ぶ議論を用いて計算すれば，$\begin{pmatrix} u_n \\ s_n \end{pmatrix}$ は次第に $(u_0 + s_0)\begin{pmatrix} \frac{2}{3} \\ \frac{1}{3} \end{pmatrix}$ に近づくことがわかる（例 9.2）．すなわち，初年度のそれぞれの人口と関係なく $\frac{2}{3}$ が市街部に住み，$\frac{1}{3}$ が郊外に住むようになっていく．

この例のように行列とベクトルで表現できるシステムを**線形システム**と呼ぶ．

第2章
行列式とその値

2.1　2次の行列式とその値

例えば，$\begin{vmatrix} 2 & 3 \\ 4 & 5 \end{vmatrix}$ のように，4つの数を2行2列に並べ両側から縦棒で挟んだものを**2次の行列式**という．

2次の行列式には**値**と呼ばれるものがあり，

$$\begin{vmatrix} a & b \\ c & d \end{vmatrix} = ad - bc$$

である．なお，行列 $A = \begin{pmatrix} a & b \\ c & d \end{pmatrix}$ から決まる行列式を記号 $|A|$ で表す．すなわち，

$$|A| = \begin{vmatrix} a & b \\ c & d \end{vmatrix}$$

である．

例 2.1.

$$\begin{vmatrix} 2 & 3 \\ 4 & 5 \end{vmatrix} = 2 \times 5 - 3 \times 4 = 10 - 12 = -2$$

問題 2.1. 次の行列式の値を求めよ．

(1) $\begin{vmatrix} 3 & -1 \\ 2 & 3 \end{vmatrix}$　　(2) $\begin{vmatrix} 1-x & 2 \\ 3 & 4-x \end{vmatrix}$

両側から括弧で挟む行列と両側から縦棒で挟む行列式を区別することが大切である．行列式には値があるが行列には値が無い．

2.2　未知数 2 つの連立 1 次方程式の行列式を用いた解法

x, y を未知数とする連立 1 次方程式

$$\begin{cases} x + 2y = 5 \\ 3x + 4y = 6 \end{cases}$$

は次のように 2 次の行列式を用いて解くことができる．

左辺の係数を並べてつくった 2 次の行列式を

$$|A| = \begin{vmatrix} 1 & 2 \\ 3 & 4 \end{vmatrix} = 1 \times 4 - 2 \times 3 = -2$$

行列式 $|A|$ の第 1 列を右辺の係数で取り替えた 2 次の行列式を

$$|A_x| = \begin{vmatrix} 5 & 2 \\ 6 & 4 \end{vmatrix} = 20 - 12 = 8$$

行列式 $|A|$ の第 2 列を右辺の係数で取り替えた 2 次の行列式を

$$|A_y| = \begin{vmatrix} 1 & 5 \\ 3 & 6 \end{vmatrix} = 6 - 15 = -9$$

とするとき，

$$x = \frac{|A_x|}{|A|} = \frac{8}{-2} = -4, \quad y = \frac{|A_y|}{|A|} = \frac{-9}{-2} = \frac{9}{2}$$

が連立 1 次方程式の解である．

一般に次がなりたつ．

定理 2.1. x, y を未知数とする連立 1 次方程式

$$\begin{cases} ax + by = p \\ cx + dy = q \end{cases}$$

に対して，

$$|A| = \begin{vmatrix} a & b \\ c & d \end{vmatrix}, \quad |A_x| = \begin{vmatrix} p & b \\ q & d \end{vmatrix}, \quad |A_y| = \begin{vmatrix} a & p \\ c & q \end{vmatrix}$$

と置くと，$|A| \neq 0$ のとき，$x = \dfrac{|A_x|}{|A|}$, $y = \dfrac{|A_y|}{|A|}$ は解である．

証明.

$$ax + by = a \times \frac{|A_x|}{|A|} + b \times \frac{|A_y|}{|A|} = \frac{a(dp - bq) + b(aq - cp)}{ad - bc} = p$$

$$cx + dy = c \times \frac{|A_x|}{|A|} + d \times \frac{|A_y|}{|A|} = \frac{c(dp - bq) + d(aq - cp)}{ad - bc} = q$$

だから，$x = \dfrac{|A_x|}{|A|}$, $y = \dfrac{|A_y|}{|A|}$ は解である．（証明終）

問題 2.2. x, y を未知数とする連立 1 次方程式

$$\begin{cases} 3x - 7y = 8 \\ 4x + 5y = -9 \end{cases}$$

を 2 次の行列式を用いて解け．

2.3　3 次の行列式とその値

9 つの数を 3 行 3 列に並べ両側から縦棒で挟んだものを**3 次の行列式**という．3 次の行列式にも**値**と呼ばれるものがある．

3 次の行列式を一般的に，$\begin{vmatrix} a & b & c \\ p & q & r \\ u & v & w \end{vmatrix}$ で表すとき，その値は，次のように計算する．

$$\begin{vmatrix} a & b & c \\ p & q & r \\ u & v & w \end{vmatrix} = aqw + bru + cpv - arv - bpw - cqu$$

右辺は，それぞれ 3 つの成分の積である 6 つの項でなりたっており，そのうち 3 つの項にはプラス符号が，残りの 3 つの項にはマイナス符号が付いている．これは，図 2.1 において，3 つの実線で結んだ積の項にプラスが付き，3 つの点線

で結んだ積の項にマイナスが付くと覚えると便利である．この3次の行列式の値の計算法を**サラスの方法**という．なお，後で学ぶ4次以上の行列式には，サラスの方法に類似した値の計算法はない．

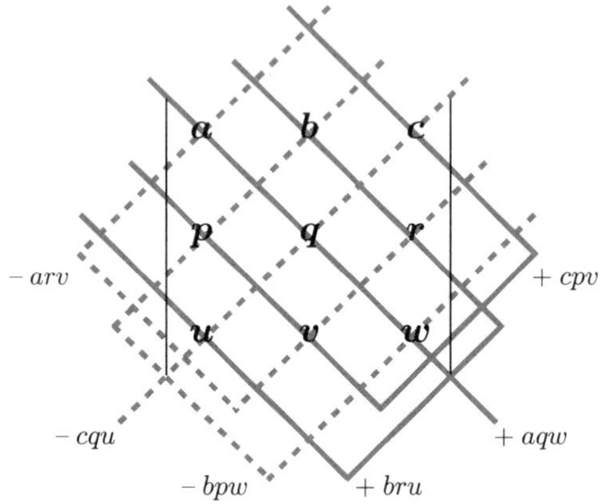

図 2.1　3次の行列式の値

例題 2.1. 3次の行列式 $\begin{vmatrix} 1 & 2 & 3 \\ 4 & 5 & 6 \\ 7 & 8 & 9 \end{vmatrix}$ の値を求めよ．

【解答】 $\begin{vmatrix} 1 & 2 & 3 \\ 4 & 5 & 6 \\ 7 & 8 & 9 \end{vmatrix}$

$$
\begin{aligned}
&= 1 \times 5 \times 9 + 2 \times 6 \times 7 + 3 \times 4 \times 8 - 1 \times 6 \times 8 - 2 \times 4 \times 9 - 3 \times 5 \times 7 \\
&= 45 + 84 + 96 - 48 - 72 - 105 \\
&= 0
\end{aligned}
$$

■

問題 2.3. 次の行列式の値を求めよ．

(1) $\begin{vmatrix} 1 & 2 & -1 \\ 4 & 2 & -2 \\ -2 & -3 & 5 \end{vmatrix}$

(2) $\begin{vmatrix} -6 & 5 & -3 \\ 2 & 4 & 3 \\ 2 & -2 & 1 \end{vmatrix}$

3 次の行列式の値は行や列についての 2 次の行列式への展開等式を用いても計算できる．

第 1 行についての**展開等式**は

$$\begin{vmatrix} a & b & c \\ p & q & r \\ u & v & w \end{vmatrix} = a\begin{vmatrix} q & r \\ v & w \end{vmatrix} - b\begin{vmatrix} p & r \\ u & w \end{vmatrix} + c\begin{vmatrix} p & q \\ u & v \end{vmatrix}$$

である．

(1, 1) 成分 a に掛けるのは，もとの 3 次の行列式の第 1 行および第 1 列を抜き去ってできる 2 次の行列式にプラス符号がついたもの，(1, 2) 成分 b に掛けるのは，もとの 3 次の行列式の第 1 行および第 2 列を抜き去ってできる 2 次の行列式にマイナス符号がついたもの，(1, 3) 成分 c に掛けるのは，もとの 3 次の行列式の第 1 行および第 3 列を抜き去ってできる 2 次の行列式にプラス符号がついたものである．

第 2 行についての展開等式は

$$\begin{vmatrix} a & b & c \\ p & q & r \\ u & v & w \end{vmatrix} = -p\begin{vmatrix} b & c \\ v & w \end{vmatrix} + q\begin{vmatrix} a & c \\ u & w \end{vmatrix} - r\begin{vmatrix} a & b \\ u & v \end{vmatrix}$$

である．

第 3 列についての展開等式は

$$\begin{vmatrix} a & b & c \\ p & q & r \\ u & v & w \end{vmatrix} = c\begin{vmatrix} p & q \\ u & v \end{vmatrix} - r\begin{vmatrix} a & b \\ u & v \end{vmatrix} + w\begin{vmatrix} a & b \\ p & q \end{vmatrix}$$

である．

展開のプラスマイナスの符号は

$$\begin{vmatrix} + & - & + \\ - & + & - \\ + & - & + \end{vmatrix}$$

で決まる．

例題 2.2. 3 次の行列式 $\begin{vmatrix} 1 & 2 & 3 \\ 4 & 5 & 6 \\ 7 & 8 & 9 \end{vmatrix}$ の値を第 1 行についての展開および第 2 列について展開して求めよ．

【解答】 (1) 第 1 行について展開して値を求めると，

$$\begin{vmatrix} 1 & 2 & 3 \\ 4 & 5 & 6 \\ 7 & 8 & 9 \end{vmatrix} = 1\begin{vmatrix} 5 & 6 \\ 8 & 9 \end{vmatrix} - 2\begin{vmatrix} 4 & 6 \\ 7 & 9 \end{vmatrix} + 3\begin{vmatrix} 4 & 5 \\ 7 & 8 \end{vmatrix}$$

$$= 1 \times (45-48) - 2 \times (36-42) + 3 \times (32-35) = -3+12-9 = 0$$

(2) 第 2 列について展開して値を求めると，

$$\begin{vmatrix} 1 & 2 & 3 \\ 4 & 5 & 6 \\ 7 & 8 & 9 \end{vmatrix} = -2\begin{vmatrix} 4 & 6 \\ 7 & 9 \end{vmatrix} + 5\begin{vmatrix} 1 & 3 \\ 7 & 9 \end{vmatrix} - 8\begin{vmatrix} 1 & 3 \\ 4 & 6 \end{vmatrix}$$

$$= -2 \times (36-42) + 5 \times (9-21) - 8 \times (6-12) = 12-60+48 = 0$$

■

問題 2.4. 3 次の行列式 $\begin{vmatrix} 1 & 2 & 3 \\ 4 & 5 & 6 \\ 7 & 8 & 9 \end{vmatrix}$ について，

(1) 第2行で展開して値を求めよ．

(2) 第3列で展開して値を求めよ．

行列式の値は,「ある行の定数倍を他の行に加えても変わらない」,「ある列の定数倍を他の列に加えても変わらない」という性質がある．この性質を利用して行列式の値を求める．

例 2.2. $D = \begin{vmatrix} 1 & 2 & 3 \\ 4 & 5 & 6 \\ 7 & 8 & 9 \end{vmatrix}$ とおく．

第1行の -2 倍を第2行に加えると，

$$D = \begin{vmatrix} 1 & 2 & 3 \\ 2 & 1 & 0 \\ 7 & 8 & 9 \end{vmatrix}$$

第1行の -3 倍を第3行に加えると

$$D = \begin{vmatrix} 1 & 2 & 3 \\ 2 & 1 & 0 \\ 4 & 2 & 0 \end{vmatrix}$$

第3列で展開すると，

$$D = 3 \times \begin{vmatrix} 2 & 1 \\ 4 & 2 \end{vmatrix} - 0 \times \begin{vmatrix} 1 & 2 \\ 4 & 2 \end{vmatrix} + 0 \times \begin{vmatrix} 1 & 2 \\ 2 & 1 \end{vmatrix} = 3 \times (4-4) + 0 + 0 = 0$$

上の計算において，与えられた行列式の $(1,3)$ 成分をとめて，第3列のその他の成分をすべて0にした．これを $(1,3)$ 成分で**列掃き出し**を行うという．

問題 2.5. 3次の行列式 $\begin{vmatrix} -6 & 5 & -3 \\ 2 & 4 & 3 \\ 2 & -2 & 1 \end{vmatrix}$ について，

(1) $(2,1)$ 成分で列掃き出しを行うことにより，値を求めよ．

(2) $(3,3)$ 成分で行掃き出しを行うことにより，値を求めよ．

2.4　3次の行列式の性質

3次の行列式の値を求めるのに「ある行の定数倍を他の行に加えても値は変わらない」,「ある列の定数倍を他の列に加えても値は変わらない」という性質と2次の行列式への展開等式を用いたが，この性質を含めて3次の行列式には次のような性質がある．

性質 (1)　行列式の行と列を入れ替えても値は変わらない．すなわち，

$$\begin{vmatrix} a & b & c \\ p & q & r \\ u & v & w \end{vmatrix} = \begin{vmatrix} a & p & u \\ b & q & v \\ c & r & w \end{vmatrix}$$

性質 (2)　行列式の2つの行（または列）を入れ替えた行列式の値はもとの行列式の値の -1 倍になる．例えば，第2行と第3行を入れ替えたとき，

$$\begin{vmatrix} a & b & c \\ u & v & w \\ p & q & r \end{vmatrix} = -\begin{vmatrix} a & b & c \\ p & q & r \\ u & v & w \end{vmatrix}$$

性質 (3)　2つの行（または列）が同じである2つの3次の行列式の値の和は，それら2つの行（列）はそのままにして，他の1つの行（列）の成分はそれぞれ対応する成分を加え合わせてできる行列式の値に等しい．例えば，

$$\begin{vmatrix} a & b & c \\ p & q & r \\ u & v & w \end{vmatrix} + \begin{vmatrix} a' & b' & c' \\ p & q & r \\ u & v & w \end{vmatrix} = \begin{vmatrix} a+a' & b+b' & c+c' \\ p & q & r \\ u & v & w \end{vmatrix}$$

性質 (4)　行列式のある行（または列）を k 倍した行列式の値は，もとの行列式の値の k 倍になる．たとえば，

$$\begin{vmatrix} a & b & c \\ kp & kq & kr \\ u & v & w \end{vmatrix} = k\begin{vmatrix} a & b & c \\ p & q & r \\ u & v & w \end{vmatrix}$$

性質 (5)　2つの行（列）が一致する行列式の値は0である．

たとえば，第 1 行と第 3 行が一致する行列式

$$\begin{vmatrix} a & b & c \\ u & v & w \\ a & b & c \end{vmatrix} = 0$$

性質 (6)　ある行（列）の定数倍を他の行（列）に加えても行列式の値は変わらない．たとえば，

$$\begin{vmatrix} a & b & c \\ u & v & w \\ p+ka & q+kb & r+kc \end{vmatrix} = \begin{vmatrix} a & b & c \\ u & v & w \\ p & q & r \end{vmatrix}$$

性質 (7)　2 つの 3×3 行列 A, B に対して

$$|AB| = |A| \times |B|$$

がなりたつ．ここで，$|A|$ は 3×3 行列 A が定める 3 次の行列式とする．この等式は，A と B の積 AB が定める行列式の値が，A が定める行列式の値と B が定める行列式の値の積に一致することを意味する．

3 次の行列式の性質 (1)〜(6) は両辺の値を求めることによって確かめることができる．このうち，性質 (5) は性質 (2) を用いて導くことができる．なぜなら，第 1 行と第 3 行を入れ替えると性質 (2) より，

$$\begin{vmatrix} a & b & c \\ u & v & w \\ a & b & c \end{vmatrix} = - \begin{vmatrix} a & b & c \\ u & v & w \\ a & b & c \end{vmatrix}$$

移項すると，

$$2\begin{vmatrix} a & b & c \\ u & v & w \\ a & b & c \end{vmatrix} = 0$$

だから，両辺を 2 で割ることによって，性質 (5) が得られる．

また，性質 (6) は性質 (3)〜(5) を順次用いることによって導くことができる．

なぜなら，

$$\begin{vmatrix} a & b & c \\ u & v & w \\ p+ka & q+kb & r+kc \end{vmatrix} = \begin{vmatrix} a & b & c \\ u & v & w \\ p & q & r \end{vmatrix} + \begin{vmatrix} a & b & c \\ u & v & w \\ ka & kb & kc \end{vmatrix}$$

$$= \begin{vmatrix} a & b & c \\ u & v & w \\ p & q & r \end{vmatrix} + k \begin{vmatrix} a & b & c \\ u & v & w \\ a & b & c \end{vmatrix}$$

$$= \begin{vmatrix} a & b & c \\ u & v & w \\ p & q & r \end{vmatrix} + 0 = \begin{vmatrix} a & b & c \\ u & v & w \\ p & q & r \end{vmatrix}$$

となり，性質 (6) が得られた．

性質 (7) は展開して値を求めて確かめるのは容易でない．証明は第 11 章（電子ファイル）で一般的に n 次の行列式について行う．ここでは 2 次の行列式の場合について確かめる．

$A = \begin{pmatrix} a & b \\ c & d \end{pmatrix}, B = \begin{pmatrix} x & y \\ z & w \end{pmatrix}$ とすると，$AB = \begin{pmatrix} ax+bz & ay+bw \\ cx+dz & cy+dw \end{pmatrix}$ だから，

$$\begin{aligned} |AB| &= (ax+bz)(cy+dw) - (ay+bw)(cx+dz) \\ &= acxy + adxw + bcyz + bdzw - acxy - adyz - bcxw - bdzw \\ &= ad(xw-yz) - bc(xw-yz) = (ad-bc)(xw-yz) = |A||B| \end{aligned}$$

となり，$|AB| = |A||B|$ が得られた．

例題 2.3. 行列式 $D = \begin{vmatrix} 1 & a & a^2 \\ 1 & b & b^2 \\ 1 & c & c^2 \end{vmatrix}$ の値を求めよ．

【解答】 第 2 行から第 1 行を引き，第 3 行から第 1 行を引くと，

$$D = \begin{vmatrix} 1 & a & a^2 \\ 0 & b-a & (b-a)(b+a) \\ 0 & c-a & (c-a)(c+a) \end{vmatrix}$$

第 2 行から共通因子を外に出し，さらに，第 3 行から共通因子を外に出すと，

$$D = (b-a)(c-a) \begin{vmatrix} 1 & a & a^2 \\ 0 & 1 & b+a \\ 0 & 1 & c+a \end{vmatrix}$$

第 1 列で展開すると，

$$D = (b-a)(c-a) \times 1 \begin{vmatrix} 1 & b+a \\ 1 & c+a \end{vmatrix}$$

展開すると，

$$D = (b-a)(c-a)\{1 \times (c+a) - (b+a) \times 1\} = (a-b)(b-c)(c-a)$$

■

問題 2.6. 行列式 $D = \begin{vmatrix} 1 & 1 & 1 \\ a & b & c \\ bc & ca & ab \end{vmatrix}$ の値を求めよ．

例題 2.4. 行列式 $D = \begin{vmatrix} 1-x & 1 & 1 \\ 1 & 1-x & 1 \\ 1 & 1 & 1-x \end{vmatrix}$ の値を求めよ．

【解答】 第 2 行を第 1 行に加え，第 3 行を第 1 行に加えると，

$$D = \begin{vmatrix} 3-x & 3-x & 3-x \\ 1 & 1-x & 1 \\ 1 & 1 & 1-x \end{vmatrix}$$

第 1 行の共通因子を出すと，

$$D = (3-x)\begin{vmatrix} 1 & 1 & 1 \\ 1 & 1-x & 1 \\ 1 & 1 & 1-x \end{vmatrix}$$

第 2 列から第 1 列を引き，さらに，第 3 列から第 1 列を引くと，

$$D = (3-x)\begin{vmatrix} 1 & 0 & 0 \\ 1 & -x & 0 \\ 1 & 0 & -x \end{vmatrix}$$

第 1 行で展開すると，

$$D = (3-x)\begin{vmatrix} -x & 0 \\ 0 & -x \end{vmatrix} = (3-x)x^2$$

■

問題 2.7. 行列式 $D = \begin{vmatrix} 1-x & 2 & 3 \\ 2 & 3-x & 1 \\ 3 & 1 & 2-x \end{vmatrix}$ の値を求めよ．

2.5　未知数 3 つの連立 1 次方程式の行列式を用いた解法

例 2.3. x, y, z を未知数とする連立 1 次方程式

$$\begin{cases} -6x + 5y - 3z = 0 \\ 2x + 4y + 3z = 2 \\ 2x - 2y + z = 0 \end{cases}$$

は 2 変数のときと同じように 3 次の行列式を用いて解くことができる（証明は 3 章の問題 3.5）．

左辺の係数を並べて作った 3 次の行列式

$$|A| = \begin{vmatrix} -6 & 5 & -3 \\ 2 & 4 & 3 \\ 2 & -2 & 1 \end{vmatrix} = -4$$

$|A|$ の第 1 列を右辺の係数で取り替えた 3 次の行列式

$$|A_x| = \begin{vmatrix} 0 & 5 & -3 \\ 2 & 4 & 3 \\ 0 & -2 & 1 \end{vmatrix} = -2 \times \begin{vmatrix} 5 & -3 \\ -2 & 1 \end{vmatrix} = -2 \times (-1) = 2$$

$|A|$ の第 2 列を右辺の係数で取り替えた 3 次の行列式

$$|A_y| = \begin{vmatrix} -6 & 0 & -3 \\ 2 & 2 & 3 \\ 2 & 0 & 1 \end{vmatrix} = 2 \times \begin{vmatrix} -6 & -3 \\ 2 & 1 \end{vmatrix} = 2 \times (-6+6) = 0$$

$|A|$ の第 3 列を右辺の係数で取り替えた 3 次の行列式

$$|A_z| = \begin{vmatrix} -6 & 5 & 0 \\ 2 & 4 & 2 \\ 2 & -2 & 0 \end{vmatrix} = -2 \times \begin{vmatrix} -6 & 5 \\ 2 & -2 \end{vmatrix} = -2 \times (12-10) = -4$$

である．

$$x = \frac{|A_x|}{|A|} = \frac{2}{-4} = -\frac{1}{2}, \quad y = \frac{|A_y|}{|A|} = \frac{0}{-4} = 0, \quad z = \frac{|A_z|}{|A|} = \frac{-4}{-4} = 1$$

がこの連立 1 次方程式の解である．

例 2.3 の方法で未知数 3 つの連立 1 次方程式を解くことができること（ただし，$|A| \neq 0$ の場合）については，次の章で示す（問題 3.5）．

問題 2.8. x, y, z を未知数とする次の連立 1 次方程式を行列式を用いて解け．

$$\begin{cases} x + 2y - z = -3 \\ 4x + 2y - 2z = 0 \\ -2x - 3y + 5z = 0 \end{cases}$$

2.6 4 次以上の行列式

4 以上の自然数 n についても，$\boldsymbol{n}$ **次の行列式**を考えることができる．n 次の行列式についても 3 次の行列式の場合と同じような性質がなりたつ．n 次行列式の定義およびその性質の証明は第 11 章で行なう．2 次の行列式は 2 つの項でできていたし，3 次の行列式は 6 つの項からできていたが，4 次の行列式になると 24 個の項でできている．これらの行列式の項の個数は，$2 \times 1 = 2, 3 \times 2 \times 1 = 6, 4 \times 3 \times 2 \times 1 = 24$ で定まっている．このように，4 次以上の行列式は項の個数が多いので，直接展開して値を求めることは実際的でない．したがって，次の例題でみるように行列式の性質を用いて求めるとよい．

例題 2.5. 4 次の行列式 $D = \begin{vmatrix} 1 & 1 & 1 & 1 \\ 1 & 2 & 2 & 2 \\ 1 & 1 & 2 & 2 \\ 1 & 1 & 2 & 3 \end{vmatrix}$ の値を求めよ．

【解答】 第 1 行の -1 倍を第 2 行，第 3 行，第 4 行にそれぞれ加えると，

$$D = \begin{vmatrix} 1 & 1 & 1 & 1 \\ 0 & 1 & 1 & 1 \\ 0 & 0 & 1 & 1 \\ 0 & 0 & 1 & 2 \end{vmatrix}$$

第 1 列で展開すると，

$$D = 1 \times \begin{vmatrix} 1 & 1 & 1 \\ 0 & 1 & 1 \\ 0 & 1 & 2 \end{vmatrix}$$

第 1 列で展開すると，

$$D = 1 \times \begin{vmatrix} 1 & 1 \\ 1 & 2 \end{vmatrix} = 2 - 1 = 1$$

■

n 次の行列式の定義および性質の証明は第 11 章（電子ファイル）で行う．

問題 2.9. 4 次の行列式 $D = \begin{vmatrix} 1 & 2 & 3 & 4 \\ 1 & 3 & 5 & 7 \\ 2 & 3 & 2 & 3 \\ 2 & 2 & 2 & 2 \end{vmatrix}$ の値を求めよ．

第3章
逆　行　列

3.1　2 × 2 行列の逆行列

2×2 行列 $A = \begin{pmatrix} 2 & 3 \\ 4 & 5 \end{pmatrix}$ について，A からできる 2 次の行列式の値は

$$|A| = \begin{vmatrix} 2 & 3 \\ 4 & 5 \end{vmatrix} = 2 \times 5 - 3 \times 4 = -2$$

$|A|$ の $(1,1)$ 成分を 1 と，第 1 行と第 1 列の他の成分をすべて 0 と置きなおしてできる 2 次の行列式の値は

$$|A_{11}| = \begin{vmatrix} 1 & 0 \\ 0 & 5 \end{vmatrix} = 5$$

$|A|$ の $(1,2)$ 成分を 1 と，第 1 行と第 2 列の他の成分をすべて 0 と置きなおしてできる 2 次の行列式の値は

$$|A_{12}| = \begin{vmatrix} 0 & 1 \\ 4 & 0 \end{vmatrix} = -4$$

$|A|$ の $(2,1)$ 成分を 1 と，第 2 行と第 1 列の他の成分をすべて 0 と置きなおしてできる 2 次の行列式の値は

$$|A_{21}| = \begin{vmatrix} 0 & 3 \\ 1 & 0 \end{vmatrix} = -3$$

$|A|$ の $(2,2)$ 成分を 1 と，第 2 行と第 2 列の他の成分をすべて 0 と置きなおしてできる 2 次の行列式の値は

$$|A_{22}| = \begin{vmatrix} 2 & 0 \\ 0 & 1 \end{vmatrix} = 2$$

である.

$$A^{-1} = \frac{1}{|A|}\begin{pmatrix} |A_{11}| & |A_{21}| \\ |A_{12}| & |A_{22}| \end{pmatrix} = \frac{1}{-2}\begin{pmatrix} 5 & -3 \\ -4 & 2 \end{pmatrix} = \begin{pmatrix} -\frac{5}{2} & \frac{3}{2} \\ 2 & -1 \end{pmatrix}$$

と置くと, 2×2 行列 A^{-1} は,

$$A^{-1}A = \begin{pmatrix} -\frac{5}{2} & \frac{3}{2} \\ 2 & -1 \end{pmatrix}\begin{pmatrix} 2 & 3 \\ 4 & 5 \end{pmatrix} = \begin{pmatrix} 1 & 0 \\ 0 & 1 \end{pmatrix}$$

$$AA^{-1} = \begin{pmatrix} 2 & 3 \\ 4 & 5 \end{pmatrix}\begin{pmatrix} -\frac{5}{2} & \frac{3}{2} \\ 2 & -1 \end{pmatrix} = \begin{pmatrix} 1 & 0 \\ 0 & 1 \end{pmatrix}$$

をみたしている.

一般に, 次がなりたつ.

定理 3.1. 2×2 行列 $A = \begin{pmatrix} a_{11} & a_{12} \\ a_{21} & a_{22} \end{pmatrix}$ が, $|A| = \begin{vmatrix} a_{11} & a_{12} \\ a_{21} & a_{22} \end{vmatrix} \neq 0$ をみたすとき,

$$A^{-1} = \frac{1}{|A|}\begin{pmatrix} |A_{11}| & |A_{21}| \\ |A_{12}| & |A_{22}| \end{pmatrix}$$

と置くと, $AA^{-1} = A^{-1}A = E_2$ がなりたつ. ただし,

$$|A_{11}| = \begin{vmatrix} 1 & 0 \\ 0 & a_{22} \end{vmatrix}, \ |A_{12}| = \begin{vmatrix} 0 & 1 \\ a_{21} & 0 \end{vmatrix}, \ |A_{21}| = \begin{vmatrix} 0 & a_{12} \\ 1 & 0 \end{vmatrix}, \ |A_{22}| = \begin{vmatrix} a_{11} & 0 \\ 0 & 1 \end{vmatrix}$$

証明.

$$\begin{aligned} AA^{-1} &= \begin{pmatrix} a_{11} & a_{12} \\ a_{21} & a_{22} \end{pmatrix}\frac{1}{|A|}\begin{pmatrix} |A_{11}| & |A_{21}| \\ |A_{12}| & |A_{22}| \end{pmatrix} \\ &= \frac{1}{|A|}\begin{pmatrix} a_{11} & a_{12} \\ a_{21} & a_{22} \end{pmatrix}\begin{pmatrix} a_{22} & -a_{12} \\ -a_{21} & a_{11} \end{pmatrix} \\ &= \frac{1}{a_{11}a_{22} - a_{12}a_{21}}\begin{pmatrix} a_{11}a_{22} - a_{12}a_{21} & 0 \\ 0 & a_{11}a_{22} - a_{12}a_{21} \end{pmatrix} \\ &= \begin{pmatrix} 1 & 0 \\ 0 & 1 \end{pmatrix} = E_2 \end{aligned}$$

$$
\begin{aligned}
A^{-1}A &= \frac{1}{|A|}\begin{pmatrix} |A_{11}| & |A_{21}| \\ |A_{12}| & |A_{22}| \end{pmatrix}\begin{pmatrix} a_{11} & a_{12} \\ a_{21} & a_{22} \end{pmatrix} \\
&= \begin{pmatrix} a_{22} & -a_{12} \\ -a_{21} & a_{11} \end{pmatrix}\frac{1}{|A|}\begin{pmatrix} a_{11} & a_{12} \\ a_{21} & a_{22} \end{pmatrix} \\
&= \frac{1}{a_{11}a_{22}-a_{12}a_{21}}\begin{pmatrix} a_{11}a_{22}-a_{12}a_{21} & 0 \\ 0 & a_{11}a_{22}-a_{12}a_{21} \end{pmatrix} \\
&= \begin{pmatrix} 1 & 0 \\ 0 & 1 \end{pmatrix} = E_2
\end{aligned}
$$

（証明終）

定理 3.1 の A^{-1} を 2×2 行列 A の**逆行列**という．なお，逆行列 A^{-1} を決める行列の $(1,2)$ 成分が $|A_{21}|$ であり，$(2,1)$ 成分が $|A_{12}|$ であること，つまり，成分の並び方に注意することが必要である．

例題 3.1. 2×2 行列 $A = \begin{pmatrix} 2 & -5 \\ -1 & 2 \end{pmatrix}$ の逆行列 A^{-1} を求めよ．

【解答】 $|A| = \begin{vmatrix} 2 & -5 \\ -1 & 2 \end{vmatrix} = 2 \times 2 - (-5) \times (-1) = -1$

$$
|A_{11}| = \begin{vmatrix} 1 & 0 \\ 0 & 2 \end{vmatrix} = 2, \qquad |A_{12}| = \begin{vmatrix} 0 & 1 \\ -1 & 0 \end{vmatrix} = 1,
$$

$$
|A_{21}| = \begin{vmatrix} 0 & -5 \\ 1 & 0 \end{vmatrix} = 5, \qquad |A_{22}| = \begin{vmatrix} 2 & 0 \\ 0 & 1 \end{vmatrix} = 2
$$

$$
A^{-1} = \frac{1}{|A|}\begin{pmatrix} |A_{11}| & |A_{21}| \\ |A_{12}| & |A_{22}| \end{pmatrix} = \frac{1}{-1}\begin{pmatrix} 2 & 5 \\ 1 & 2 \end{pmatrix} = \begin{pmatrix} -2 & -5 \\ -1 & -2 \end{pmatrix}
$$

■

問題 3.1. 2×2 行列 $A = \begin{pmatrix} 1 & 2 \\ 3 & 4 \end{pmatrix}$ の逆行列 A^{-1} を求めよ.

3.2 2つの変数をもつ連立1次方程式の逆行列を用いた解法

x, y を未知数とする連立1次方程式

$$\begin{cases} 2x + 3y = 1 \\ 4x + 5y = 3 \end{cases}$$

は行列 $A = \begin{pmatrix} 2 & 3 \\ 4 & 5 \end{pmatrix}$ を用いて,

$$\begin{pmatrix} 2 & 3 \\ 4 & 5 \end{pmatrix} \begin{pmatrix} x \\ y \end{pmatrix} = \begin{pmatrix} 1 \\ 3 \end{pmatrix}, \quad \text{つまり,} \quad A \begin{pmatrix} x \\ y \end{pmatrix} = \begin{pmatrix} 1 \\ 3 \end{pmatrix}$$

と表せる.

前に求めた A の逆行列 $A^{-1} = \begin{pmatrix} -\frac{5}{2} & \frac{3}{2} \\ 2 & -1 \end{pmatrix}$ を左からかけると,

$$A^{-1} A \begin{pmatrix} x \\ y \end{pmatrix} = \begin{pmatrix} -\frac{5}{2} & \frac{3}{2} \\ 2 & -1 \end{pmatrix} \begin{pmatrix} 1 \\ 3 \end{pmatrix}$$

$$\begin{pmatrix} 1 & 0 \\ 0 & 1 \end{pmatrix} \begin{pmatrix} x \\ y \end{pmatrix} = \begin{pmatrix} 2 \\ -1 \end{pmatrix}$$

$$\begin{pmatrix} x \\ y \end{pmatrix} = \begin{pmatrix} 2 \\ -1 \end{pmatrix}$$

となり, 解を求めることができた.

問題 3.2. 連立1次方程式

$$\begin{cases} 2x - 5y = 3 \\ -x + 2y = -5 \end{cases}$$

を逆行列を用いて解け.

3.3　3 × 3 行列の逆行列

3×3 行列 $A = \begin{pmatrix} 1 & 2 & -3 \\ -1 & -1 & 1 \\ 2 & 3 & -5 \end{pmatrix}$ について，A からできる 3 次の行列式は

$$|A| = \begin{vmatrix} 1 & 2 & -3 \\ -1 & -1 & 1 \\ 2 & 3 & -5 \end{vmatrix}$$

第 1 行の 1 倍を第 2 行に加え，第 1 行の -2 倍を第 3 行に加えると，

$$|A| = \begin{vmatrix} 1 & 2 & -3 \\ 0 & 1 & -2 \\ 0 & -1 & 1 \end{vmatrix} = \begin{vmatrix} 1 & -2 \\ -1 & 1 \end{vmatrix} = -1$$

$|A|$ の第 1 行第 1 列成分を 1 と，第 1 行と第 1 列の他の成分をすべて 0 と置きなおしてできる 3 次の行列式の値は

$$|A_{11}| = \begin{vmatrix} 1 & 0 & 0 \\ 0 & -1 & 1 \\ 0 & 3 & -5 \end{vmatrix} = \begin{vmatrix} -1 & 1 \\ 3 & -5 \end{vmatrix} = 2$$

$|A|$ の第 1 行第 2 列成分を 1 と，第 1 行と第 2 列の他の成分をすべて 0 と置きなおしてできる 3 次の行列式の値は

$$|A_{12}| = \begin{vmatrix} 0 & 1 & 0 \\ -1 & 0 & 1 \\ 2 & 0 & -5 \end{vmatrix} = -\begin{vmatrix} -1 & 1 \\ 2 & -5 \end{vmatrix} = -3$$

$|A|$ の第 1 行第 3 列成分を 1 と，第 1 行と第 3 列の他の成分をすべて 0 と置きなおしてできる 3 次の行列式の値は

$$|A_{13}| = \begin{vmatrix} 0 & 0 & 1 \\ -1 & -1 & 0 \\ 2 & 3 & 0 \end{vmatrix} = \begin{vmatrix} -1 & -1 \\ 2 & 3 \end{vmatrix} = -1$$

$|A|$ の第2行第1列成分を1と，第2行と第1列の他の成分をすべて0と置きなおしてできる3次の行列式の値は

$$|A_{21}| = \begin{vmatrix} 0 & 2 & -3 \\ 1 & 0 & 0 \\ 0 & 3 & -5 \end{vmatrix} = -\begin{vmatrix} 2 & -3 \\ 3 & -5 \end{vmatrix} = 1$$

$|A|$ の第2行第2列成分を1と，第2行と第2列の他の成分をすべて0と置きなおしてできる3次の行列式の値は

$$|A_{22}| = \begin{vmatrix} 1 & 0 & -3 \\ 0 & 1 & 0 \\ 2 & 0 & -5 \end{vmatrix} = \begin{vmatrix} 1 & -3 \\ 2 & -5 \end{vmatrix} = 1$$

$|A|$ の第2行第3列成分を1と，第2行と第3列の他の成分をすべて0と置きなおしてできる3次の行列式の値は

$$|A_{23}| = \begin{vmatrix} 1 & 2 & 0 \\ 0 & 0 & 1 \\ 2 & 3 & 0 \end{vmatrix} = -\begin{vmatrix} 1 & 2 \\ 2 & 3 \end{vmatrix} = 1$$

$|A|$ の第3行第1列成分を1と，第3行と第1列の他の成分をすべて0と置きなおしてできる3次の行列式の値は

$$|A_{31}| = \begin{vmatrix} 0 & 2 & -3 \\ 0 & -1 & 1 \\ 1 & 0 & 0 \end{vmatrix} = \begin{vmatrix} 2 & -3 \\ -1 & 1 \end{vmatrix} = -1$$

$|A|$ の第3行第2列成分を1と，第3行と第2列の他の成分をすべて0と置きなおしてできる3次の行列式の値は

$$|A_{32}| = \begin{vmatrix} 1 & 0 & -3 \\ -1 & 0 & 1 \\ 0 & 1 & 0 \end{vmatrix} = -\begin{vmatrix} 1 & -3 \\ -1 & 1 \end{vmatrix} = 2$$

$|A|$ の第3行第3列成分を1と，第3行と第3列の他の成分をすべて0と置きなおしてできる3次の行列式の値は

$$|A_{33}| = \begin{vmatrix} 1 & 2 & 0 \\ -1 & -1 & 0 \\ 0 & 0 & 1 \end{vmatrix} = \begin{vmatrix} 1 & 2 \\ -1 & -1 \end{vmatrix} = 1$$

である．

$$A^{-1} = \frac{1}{|A|}\begin{pmatrix} |A_{11}| & |A_{21}| & |A_{31}| \\ |A_{12}| & |A_{22}| & |A_{32}| \\ |A_{13}| & |A_{23}| & |A_{33}| \end{pmatrix}$$

$$= \frac{1}{-1}\begin{pmatrix} 2 & 1 & -1 \\ -3 & 1 & 2 \\ -1 & 1 & 1 \end{pmatrix} = \begin{pmatrix} -2 & -1 & 1 \\ 3 & -1 & -2 \\ 1 & -1 & -1 \end{pmatrix}$$

と置くと，3×3 行列 A^{-1} は，

$$A^{-1}A = \begin{pmatrix} -2 & -1 & 1 \\ 3 & -1 & -2 \\ 1 & -1 & -1 \end{pmatrix}\begin{pmatrix} 1 & 2 & -3 \\ -1 & -1 & 1 \\ 2 & 3 & -5 \end{pmatrix} = \begin{pmatrix} 1 & 0 & 0 \\ 0 & 1 & 0 \\ 0 & 0 & 1 \end{pmatrix}$$

$$AA^{-1} = \begin{pmatrix} 1 & 2 & -3 \\ -1 & -1 & 1 \\ 2 & 3 & -5 \end{pmatrix}\begin{pmatrix} -2 & -1 & 1 \\ 3 & -1 & -2 \\ 1 & -1 & -1 \end{pmatrix} = \begin{pmatrix} 1 & 0 & 0 \\ 0 & 1 & 0 \\ 0 & 0 & 1 \end{pmatrix}$$

をみたしている．

一般に，次がなりたつ．

定理 3.2. 3×3 行列 $A = \begin{pmatrix} a_{11} & a_{12} & a_{13} \\ a_{21} & a_{22} & a_{23} \\ a_{31} & a_{32} & a_{33} \end{pmatrix}$ が $|A| \neq 0$ をみたすとき，A_{ij} を上のように定めると，$A^{-1} = \frac{1}{|A|}\begin{pmatrix} |A_{11}| & |A_{21}| & |A_{31}| \\ |A_{12}| & |A_{22}| & |A_{32}| \\ |A_{13}| & |A_{23}| & |A_{33}| \end{pmatrix}$ は

$$AA^{-1} = A^{-1}A = E_3$$

をみたす．ここで $E_3 = \begin{pmatrix} 1 & 0 & 0 \\ 0 & 1 & 0 \\ 0 & 0 & 1 \end{pmatrix}$ は3次の単位行列である．

証明． $AA^{-1} = E_3$ をみたすことを示すには

$$\begin{pmatrix} a_{11} & a_{12} & a_{13} \\ a_{21} & a_{22} & a_{23} \\ a_{31} & a_{32} & a_{33} \end{pmatrix} \begin{pmatrix} |A_{11}| & |A_{21}| & |A_{31}| \\ |A_{12}| & |A_{22}| & |A_{32}| \\ |A_{13}| & |A_{23}| & |A_{33}| \end{pmatrix} = \begin{pmatrix} |A| & 0 & 0 \\ 0 & |A| & 0 \\ 0 & 0 & |A| \end{pmatrix}$$

がなりたつことを示せばよい．

左辺の $(1,1)$ 成分は

$$\begin{aligned}
& a_{11}|A_{11}| + a_{12}|A_{12}| + a_{13}|A_{13}| \\
&= a_{11} \begin{vmatrix} 1 & 0 & 0 \\ 0 & a_{22} & a_{23} \\ 0 & a_{32} & a_{33} \end{vmatrix} + a_{12} \begin{vmatrix} 0 & 1 & 0 \\ a_{21} & 0 & a_{23} \\ a_{31} & 0 & a_{33} \end{vmatrix} + a_{13} \begin{vmatrix} 0 & 0 & 1 \\ a_{21} & a_{22} & 0 \\ a_{31} & a_{32} & 0 \end{vmatrix} \\
&= \begin{vmatrix} a_{11} & 0 & 0 \\ a_{21} & a_{22} & a_{23} \\ a_{31} & a_{32} & a_{33} \end{vmatrix} + \begin{vmatrix} 0 & a_{12} & 0 \\ a_{21} & a_{22} & a_{23} \\ a_{31} & a_{32} & a_{33} \end{vmatrix} + \begin{vmatrix} 0 & 0 & a_{13} \\ a_{21} & a_{22} & a_{23} \\ a_{31} & a_{32} & a_{33} \end{vmatrix} \\
&= \begin{vmatrix} a_{11} & a_{12} & a_{13} \\ a_{21} & a_{22} & a_{23} \\ a_{31} & a_{32} & a_{33} \end{vmatrix} \\
&= |A|
\end{aligned}$$

上の計算において，2番目の等号がなりたつのは，それぞれの項の第1行についての展開が一致するからである．

左辺の $(1,2)$ 成分は

$$
\begin{aligned}
&a_{11}|A_{21}| + a_{12}|A_{22}| + a_{13}|A_{23}| \\
&\quad = a_{11}\begin{vmatrix} 0 & a_{12} & a_{13} \\ 1 & 0 & 0 \\ 0 & a_{32} & a_{33} \end{vmatrix} + a_{12}\begin{vmatrix} a_{11} & 0 & a_{13} \\ 0 & 1 & 0 \\ a_{31} & 0 & a_{33} \end{vmatrix} + a_{13}\begin{vmatrix} a_{11} & a_{12} & 0 \\ 0 & 0 & 1 \\ a_{31} & a_{32} & 0 \end{vmatrix} \\
&\quad = \begin{vmatrix} a_{11} & a_{12} & a_{13} \\ a_{11} & 0 & 0 \\ a_{31} & a_{32} & a_{33} \end{vmatrix} + \begin{vmatrix} a_{11} & a_{12} & a_{13} \\ 0 & a_{12} & 0 \\ a_{31} & a_{32} & a_{33} \end{vmatrix} + \begin{vmatrix} a_{11} & a_{12} & a_{13} \\ 0 & 0 & a_{13} \\ a_{31} & a_{32} & a_{33} \end{vmatrix} \\
&\quad = \begin{vmatrix} a_{11} & a_{12} & a_{13} \\ a_{11} & a_{12} & a_{13} \\ a_{31} & a_{32} & a_{33} \end{vmatrix} \\
&\quad = 0
\end{aligned}
$$

上の計算において，2番目の等号がなりたつのは，それぞれの項の第2行についての展開が一致するからである．最後の等号がなりたつのは第1行と第2行が一致するからである．

同様に，すべての対角線成分は $|A|$ でそれ以外の成分はすべて0となる．

$A^{-1}A = E_3$ も同様に示すことができる． (証明終)

定理3.2の A^{-1} を 3×3 行列 A の**逆行列**という．

例題 3.2. 行列

$$
A = \begin{pmatrix} 1 & -2 & 1 \\ 0 & 2 & -1 \\ 1 & 1 & -1 \end{pmatrix}
$$

の逆行列 A^{-1} を求めよ．

【解答】

$$
|A| = \begin{vmatrix} 1 & -2 & 1 \\ 0 & 2 & -1 \\ 1 & 1 & -1 \end{vmatrix}
$$

第1行の -1 倍を第3行に加えると，

$$|A| = \begin{vmatrix} 1 & -2 & 1 \\ 0 & 2 & -1 \\ 0 & 3 & -2 \end{vmatrix} = 1 \times \begin{vmatrix} 2 & -1 \\ 3 & -2 \end{vmatrix} = -1$$

$$|A_{11}| = \begin{vmatrix} 1 & 0 & 0 \\ 0 & 2 & -1 \\ 0 & 1 & -1 \end{vmatrix} = \begin{vmatrix} 2 & -1 \\ 1 & -1 \end{vmatrix} = -1$$

$$|A_{12}| = \begin{vmatrix} 0 & 1 & 0 \\ 0 & 0 & -1 \\ 1 & 0 & -1 \end{vmatrix} = -\begin{vmatrix} 0 & -1 \\ 1 & -1 \end{vmatrix} = -1$$

$$|A_{13}| = \begin{vmatrix} 0 & 0 & 1 \\ 0 & 2 & 0 \\ 1 & 1 & 0 \end{vmatrix} = \begin{vmatrix} 0 & 2 \\ 1 & 1 \end{vmatrix} = -2$$

$$|A_{21}| = \begin{vmatrix} 0 & -2 & 1 \\ 1 & 0 & 0 \\ 0 & 1 & -1 \end{vmatrix} = -\begin{vmatrix} -2 & 1 \\ 1 & -1 \end{vmatrix} = -1$$

$$|A_{22}| = \begin{vmatrix} 1 & 0 & 1 \\ 0 & 1 & 0 \\ 1 & 0 & -1 \end{vmatrix} = \begin{vmatrix} 1 & 1 \\ 1 & -1 \end{vmatrix} = -2$$

$$|A_{23}| = \begin{vmatrix} 1 & -2 & 0 \\ 0 & 0 & 1 \\ 1 & 1 & 0 \end{vmatrix} = -\begin{vmatrix} 1 & -2 \\ 1 & 1 \end{vmatrix} = -3$$

$$|A_{31}| = \begin{vmatrix} 0 & -2 & 1 \\ 0 & 2 & -1 \\ 1 & 0 & 0 \end{vmatrix} = \begin{vmatrix} -2 & 1 \\ 2 & -1 \end{vmatrix} = 0$$

$$|A_{32}| = \begin{vmatrix} 1 & 0 & 1 \\ 0 & 0 & -1 \\ 0 & 1 & 0 \end{vmatrix} = -\begin{vmatrix} 1 & 1 \\ 0 & -1 \end{vmatrix} = 1$$

$$|A_{33}| = \begin{vmatrix} 1 & -2 & 0 \\ 0 & 2 & 0 \\ 0 & 0 & 1 \end{vmatrix} = \begin{vmatrix} 1 & -2 \\ 0 & 2 \end{vmatrix} = 2$$

したがって，

$$\begin{aligned} A^{-1} &= \frac{1}{|A|}\begin{pmatrix} |A_{11}| & |A_{21}| & |A_{31}| \\ |A_{12}| & |A_{22}| & |A_{32}| \\ |A_{13}| & |A_{23}| & |A_{33}| \end{pmatrix} \\ &= \frac{1}{-1}\begin{pmatrix} -1 & -1 & 0 \\ -1 & -2 & 1 \\ -2 & -3 & 2 \end{pmatrix} \\ &= \begin{pmatrix} 1 & 1 & 0 \\ 1 & 2 & -1 \\ 2 & 3 & -2 \end{pmatrix} \end{aligned}$$

■

問題 3.3. 行列 $A = \begin{pmatrix} 1 & 2 & -1 \\ 3 & 1 & 0 \\ 2 & -2 & 1 \end{pmatrix}$ の逆行列 A^{-1} を求めよ．

3.4 3 つの変数をもつ連立 1 次方程式の逆行列を用いた解法

x, y, z を未知数とする連立 1 次方程式

$$\begin{cases} x + 2y - 3z = -2 \\ -x - y + z = -1 \\ 2x + 3y - 5z = 3 \end{cases}$$

は行列 $A = \begin{pmatrix} 1 & 2 & -3 \\ -1 & -1 & 1 \\ 2 & 3 & -5 \end{pmatrix}$ を用いて,

$$A \begin{pmatrix} x \\ y \\ z \end{pmatrix} = \begin{pmatrix} -2 \\ -1 \\ 3 \end{pmatrix}$$

と表せる．前に求めた A の逆行列 $A^{-1} = \begin{pmatrix} -2 & -1 & 1 \\ 3 & -1 & -2 \\ 1 & -1 & -1 \end{pmatrix}$ を左からかけると,

$$A^{-1}A \begin{pmatrix} x \\ y \\ z \end{pmatrix} = \begin{pmatrix} -2 & -1 & 1 \\ 3 & -1 & -2 \\ 1 & -1 & -1 \end{pmatrix} \begin{pmatrix} -2 \\ -1 \\ 3 \end{pmatrix}$$

$$\begin{pmatrix} 1 & 0 & 0 \\ 0 & 1 & 0 \\ 0 & 0 & 1 \end{pmatrix} \begin{pmatrix} x \\ y \\ z \end{pmatrix} = \begin{pmatrix} 8 \\ -11 \\ -4 \end{pmatrix}$$

$$\begin{pmatrix} x \\ y \\ z \end{pmatrix} = \begin{pmatrix} 8 \\ -11 \\ -4 \end{pmatrix}$$

となり，解を求めることができた．

問題 3.4. 連立 1 次方程式

$$\begin{cases} x - 2y + z = -2 \\ \phantom{x - {}} 2y - z = -1 \\ x + y - z = 3 \end{cases}$$

を逆行列を用いて解け．

問題 3.5. 未知数 3 個の連立 1 次方程式

$$\begin{cases} a_{11}x + a_{12}y + a_{13}z = b_1 \\ a_{21}x + a_{22}y + a_{23}z = b_2 \\ a_{31}x + a_{32}y + a_{33}z = b_3 \end{cases}$$

は $\begin{vmatrix} a_{11} & a_{12} & a_{13} \\ a_{21} & a_{22} & a_{23} \\ a_{31} & a_{32} & a_{33} \end{vmatrix} \neq 0$ をみたすとき，

$$x = \frac{\begin{vmatrix} b_1 & a_{12} & a_{13} \\ b_2 & a_{22} & a_{23} \\ b_3 & a_{32} & a_{33} \end{vmatrix}}{\begin{vmatrix} a_{11} & a_{12} & a_{13} \\ a_{21} & a_{22} & a_{23} \\ a_{31} & a_{32} & a_{33} \end{vmatrix}}, \quad y = \frac{\begin{vmatrix} a_{11} & b_1 & a_{13} \\ a_{21} & b_2 & a_{23} \\ a_{31} & b_3 & a_{33} \end{vmatrix}}{\begin{vmatrix} a_{11} & a_{12} & a_{13} \\ a_{21} & a_{22} & a_{23} \\ a_{31} & a_{32} & a_{33} \end{vmatrix}}, \quad z = \frac{\begin{vmatrix} a_{11} & a_{12} & b_1 \\ a_{21} & a_{22} & b_2 \\ a_{31} & a_{32} & b_3 \end{vmatrix}}{\begin{vmatrix} a_{11} & a_{12} & a_{13} \\ a_{21} & a_{22} & a_{23} \\ a_{31} & a_{32} & a_{33} \end{vmatrix}}$$

が解であることを示せ．

3.5　$n \times n$ 行列の逆行列

$n \times n$ 行列 A に対して，$n \times n$ 行列 B が $BA = AB = E$ をみたすとき，B は A の**逆行列**という．

定理 3.3. $n \times n$ 行列 $A = \begin{pmatrix} a_{11} & a_{12} & \cdots & a_{1n} \\ a_{21} & a_{22} & \cdots & a_{2n} \\ \vdots & \vdots & \ddots & \vdots \\ a_{n1} & a_{n2} & \cdots & a_{nn} \end{pmatrix}$ の $n \times n$ 行列 A の (i, j) 成分を 1 と置き直し，第 i 行と第 j 列の他の成分はすべて 0 と置き直した $n \times n$ 行列を A_{ij} で表し，その行列式の値 $|A_{ij}|$ を A の (i, j) **余因子**という．

$$A_{ij} = \begin{pmatrix} a_{11} & a_{12} & \cdots & a_{1\,j-1} & 0 & a_{1\,j+1} & \cdots & a_{1n} \\ a_{21} & a_{22} & \cdots & a_{2\,j-1} & 0 & a_{2\,j+1} & \cdots & a_{2n} \\ \vdots & \vdots & \ddots & \vdots & \vdots & \vdots & \ddots & \vdots \\ a_{i-1\,1} & a_{i-1\,2} & \cdots & a_{i-1\,j-1} & 0 & a_{i-1\,j+1} & \cdots & a_{i-1\,n} \\ 0 & 0 & \cdots & 0 & 1 & 0 & \cdots & 0 \\ a_{i+1\,1} & a_{i+1\,2} & \cdots & a_{i+1\,j-1} & 0 & a_{i+1\,j+1} & \cdots & a_{i+1\,n} \\ \vdots & \vdots & \ddots & \vdots & \vdots & \vdots & \ddots & \vdots \\ a_{n1} & a_{n2} & \cdots & a_{n\,j-1} & 0 & a_{n\,j+1} & \cdots & a_{nn} \end{pmatrix}$$

このとき，

$$\begin{pmatrix} a_{11} & a_{12} & \cdots & a_{1n} \\ a_{21} & a_{22} & \cdots & a_{2n} \\ \vdots & \vdots & \ddots & \vdots \\ a_{n1} & a_{n2} & \cdots & a_{nn} \end{pmatrix} \begin{pmatrix} |A_{11}| & |A_{21}| & \cdots & |A_{n1}| \\ |A_{12}| & |A_{22}| & \cdots & |A_{n2}| \\ \vdots & \vdots & \ddots & \vdots \\ |A_{1n}| & |A_{2n}| & \cdots & |A_{nn}| \end{pmatrix} = \begin{pmatrix} |A| & 0 & \cdots & 0 \\ 0 & |A| & \cdots & 0 \\ \vdots & \vdots & \ddots & \vdots \\ 0 & 0 & \cdots & |A| \end{pmatrix}$$

および，

$$\begin{pmatrix} |A_{11}| & |A_{21}| & \cdots & |A_{n1}| \\ |A_{12}| & |A_{22}| & \cdots & |A_{n2}| \\ \vdots & \vdots & \ddots & \vdots \\ |A_{1n}| & |A_{2n}| & \cdots & |A_{nn}| \end{pmatrix} \begin{pmatrix} a_{11} & a_{12} & \cdots & a_{1n} \\ a_{21} & a_{22} & \cdots & a_{2n} \\ \vdots & \vdots & \ddots & \vdots \\ a_{n1} & a_{n2} & \cdots & a_{nn} \end{pmatrix} = \begin{pmatrix} |A| & 0 & \cdots & 0 \\ 0 & |A| & \cdots & 0 \\ \vdots & \vdots & \ddots & \vdots \\ 0 & 0 & \cdots & |A| \end{pmatrix}$$

がなりたつ．

証明. すべての $i = 1, 2, \cdots, n$ について，行列式の展開等式（電子ファイル定理 11.7）より，

$$a_{i1}|A_{i1}| + a_{i2}|A_{i2}| + \cdots + a_{in}|A_{in}| = |A|$$

がなりたつ．

$i \neq j$ のとき，

$$a_{i1}|A_{j1}| + a_{i2}|A_{j2}| + \cdots + a_{in}|A_{jn}| = 0$$

がなりたつ．なぜなら，右辺は行列式 A の第 j 行を第 i 行で置き換えた n 次の行列式の第 i 列での展開であり，この n 次の行列式は第 i 行と第 j 行が同じで

あり，その値は電子ファイル定理 11.5 より 0 だからである．したがって，定理 3.3 の第 1 の結論が言える．

同様に，行列式の列について展開を考えると，$i = 1, 2, \cdots, n$ について，

$$a_{1i}|A_{1i}| + a_{2i}|A_{2i}| + \cdots + a_{ni}|A_{ni}| = |A|$$

および，$i \neq j$ のとき，

$$a_{1j}|A_{1i}| + a_{2j}|A_{2i}| + \cdots + a_{nj}|A_{ni}| = 0$$

がなりたつ．これらより，定理 3.3 の第 2 の結論が言える． (証明終)

$n \times n$ 行列 $A = \begin{pmatrix} a_{11} & a_{12} & \cdots & a_{1n} \\ a_{21} & a_{22} & \cdots & a_{2n} \\ \vdots & \vdots & \ddots & \vdots \\ a_{n1} & a_{n2} & \cdots & a_{nn} \end{pmatrix}$ に対して，$n \times n$ 行列 $\begin{pmatrix} |A_{11}| & |A_{21}| & \cdots & |A_{n1}| \\ |A_{12}| & |A_{22}| & \cdots & |A_{n2}| \\ \vdots & \vdots & \ddots & \vdots \\ |A_{1n}| & |A_{2n}| & \cdots & |A_{nn}| \end{pmatrix}$ を A の**余因子行列**という．

$n \times n$ 行列 A はその行列式の値 $|A|$ が 0 でないとき，**正則行列**という．

定理 3.3 の結論の両辺を $|A|$ で割ることにより，次の定理 3.4 がなりたつ．

定理 3.4. 正則行列 $A = \begin{pmatrix} a_{11} & a_{12} & \cdots & a_{1n} \\ a_{21} & a_{22} & \cdots & a_{2n} \\ \vdots & \vdots & \ddots & \vdots \\ a_{n1} & a_{n2} & \cdots & a_{nn} \end{pmatrix}$ に対して，

$$A^{-1} = \frac{1}{|A|} \begin{pmatrix} |A_{11}| & |A_{21}| & \cdots & |A_{n1}| \\ |A_{12}| & |A_{22}| & \cdots & |A_{n2}| \\ \vdots & \vdots & \ddots & \vdots \\ |A_{1n}| & |A_{2n}| & \cdots & |A_{nn}| \end{pmatrix}$$

と置くと，A^{-1} は A の逆行列である．

定理 3.5. $n \times n$ 行列 A が逆行列を持つための必要十分条件は A が正則行列であることである．

証明. A が正則行列であれば，定理 3.4 より，A は逆行列をもつ．逆に，A が逆行列を持つとし，その逆行列を B とすれば，$AB = E$ がなりたつ．行列式の性質（電子ファイル定理 11.7）より，

$$|A||B| = |AB| = |E| = 1$$

だから $|A| \neq 0$ となり，A は正則行列である． （証明終）

$n \times n$ 行列 A に対して $AB = E$ をみたす $n \times n$ 行列 B が存在するということから，$BA = E$ がなり立つことを導くことができる．なぜなら，$|A||B| = |AB| = |E| = 1$ より，$|B| \neq 0$ だから，$BC = E$ をみたす $n \times n$ 行列 C が存在する．したがって，

$$C = EC = ABC = AE = A$$

だから，$BA = BC = E$ がなりたつ．

また，$n \times n$ 行列 A に対して $AB = E$ をみたす $n \times n$ 行列 B が存在するということから，$AB = E$ をみたす $n \times n$ 行列は唯一つであることもわかる．なぜなら，$n \times n$ 行列 D も $AD = E$ をみたすとすると，$DA = E$ をみたすから，

$$D = DE = DAB = EB = B$$

となる．これは $AB = E$ をみたす行列は唯一つであることを意味する．つまり，正則行列には逆行列が存在するが，その逆行列は唯一つであるということである．

第4章
掃き出し法による連立1次方程式の解法

4.1 掃き出し法

連立１次方程式を行列式を用いて解く方法および逆行列を用いて解く方法を学んだ．それらは解がただ一つ存在する場合の解法である．ところが，解が存在しない連立１次方程式や解が無限に多く存在する連立１次方程式がある．そのようなものを含めた連立１次方程式の解法として掃き出し法と呼ばれる解法がある．掃き出し法は単なる解法としてだけではなく線形代数の理論を理解するうえでも重要である．**掃き出し法**による連立１次方程式の解法を例を用いて説明する．

連立１次方程式

$$\begin{cases} x + 2y + z = 3 \\ x + 2y + 3z = 5 \\ 2x + 3y + 3z = 7 \end{cases}$$

を考える．

係数を並べて行列をつくる．

$$\begin{pmatrix} 1 & 2 & 1 & 3 \\ 1 & 2 & 3 & 5 \\ 2 & 3 & 3 & 7 \end{pmatrix}$$

この行列を**係数行列**という．この場合，定数項からできる右端の列も含むので**拡大係数行列**ということもある．

第１行の -1 倍を第２行に加える．

$$\begin{pmatrix} 1 & 2 & 1 & 3 \\ 0 & 0 & 2 & 2 \\ 2 & 3 & 3 & 7 \end{pmatrix}$$

第 1 行の -2 倍を第 3 行に加える.

$$\begin{pmatrix} 1 & 2 & 1 & 3 \\ 0 & 0 & 2 & 2 \\ 0 & -1 & 1 & 1 \end{pmatrix}$$

第 2 行を $\frac{1}{2}$ 倍する.

$$\begin{pmatrix} 1 & 2 & 1 & 3 \\ 0 & 0 & 1 & 1 \\ 0 & -1 & 1 & 1 \end{pmatrix}$$

第 2 行の -1 倍を第 1 行に加える.

$$\begin{pmatrix} 1 & 2 & 0 & 2 \\ 0 & 0 & 1 & 1 \\ 0 & -1 & 1 & 1 \end{pmatrix}$$

第 2 行の -1 倍を第 3 行に加える.

$$\begin{pmatrix} 1 & 2 & 0 & 2 \\ 0 & 0 & 1 & 1 \\ 0 & -1 & 0 & 0 \end{pmatrix}$$

第 3 行を -1 倍する.

$$\begin{pmatrix} 1 & 2 & 0 & 2 \\ 0 & 0 & 1 & 1 \\ 0 & 1 & 0 & 0 \end{pmatrix}$$

第 3 行の -2 倍を第 1 行に加える.

$$\begin{pmatrix} 1 & 0 & 0 & 2 \\ 0 & 0 & 1 & 1 \\ 0 & 1 & 0 & 0 \end{pmatrix}$$

対応する連立1次方程式を書く．

$$\begin{cases} 1x+0y+0z=2 \\ 0x+0y+1z=1 \\ 0x+1y+0z=0 \end{cases}$$

すなわち，$x=2,\ y=0,\ z=1$ が解である．

最初に第1行第1列の成分（$(1,1)$ 成分という）に注目して，第1行の定数倍を第2行に加え，さらに，第1行の定数倍を第3行に加えることにより，$(1,1)$ 成分以外の第1列の成分をすべて0にした．これを $(1,1)$ 成分を**注目成分**とする**列掃き出し**と呼ぶ．

次に $(2,3)$ 成分に注目して，第2行を定数倍することにより，$(2,3)$ 成分を1にした．そして，$(2,3)$ 成分による列掃き出しを行った．

さらに $(3,2)$ 成分に注目して，第3行を定数倍することにより，$(3,2)$ 成分を1にした．そして，$(3,2)$ 成分による列掃き出しを行った．

注目成分を**ピボット**ということもある．注目成分の選び方はいろいろある．まだ注目成分が選ばれていない行があればその行から0でない成分を新しい注目成分として選ぶ．そして，注目成分による列掃き出しを行う．なお，連立1次方程式の定数項に対応する行列の一番右の列（**定数項列**という）からは注目成分を選ばない．注目成分を選ぶことができなくなれば終了する．

これが掃き出し法の進め方の基本であるが，あとは計算ができるだけ楽になるように注目成分を選べばよい．

例題 4.1. 連立1次方程式

$$\begin{cases} x+2y+2z=3 \\ 2x+3y+5z=8 \\ 3x+4y+8z=3 \end{cases}$$

を掃き出し法によって解け．

【解答】 係数行列をつくる．

$$\begin{pmatrix} 1 & 2 & 2 & 3 \\ 2 & 3 & 5 & 8 \\ 3 & 4 & 8 & 3 \end{pmatrix}$$

$(1,1)$ 成分で列掃き出しを行う．すなわち，第1行の -2 倍を第2行に加え，第1行の -3 倍を第3行に加える．

$$\begin{pmatrix} 1 & 2 & 2 & 3 \\ 0 & -1 & 1 & 2 \\ 0 & -2 & 2 & -6 \end{pmatrix}$$

$(2,2)$ 成分で列掃き出しを行う．すなわち，第2行の2倍を第1行に加え，第2行の -2 倍を第3行に加える．

$$\begin{pmatrix} 1 & 0 & 4 & 7 \\ 0 & -1 & 1 & 2 \\ 0 & 0 & 0 & -10 \end{pmatrix}$$

これ以上，注目成分を選ぶことができないので，対応する連立1次方程式を書く．

$$\begin{cases} x + 0y + 4z = 7 \\ 0x - y + z = 2 \\ 0x + 0y + 0z = -10 \end{cases}$$

3番目の等式をみたす x, y, z は存在しないから，この連立1次方程式は解を持たない． ■

例題 4.2. 連立1次方程式

$$\begin{cases} x + 2y + 2z = 3 \\ 2x + 3y + 5z = 8 \\ 3x + 4y + 8z = 13 \end{cases}$$

を掃き出し法によって解け．

【解答】 係数行列をつくる．

$$\begin{pmatrix} 1 & 2 & 2 & 3 \\ 2 & 3 & 5 & 8 \\ 3 & 4 & 8 & 13 \end{pmatrix}$$

$(1,1)$ 成分で列掃き出しを行う．すなわち，第 1 行の -2 倍を第 2 行に加え，第 1 行の -3 倍を第 3 行に加える．

$$\begin{pmatrix} 1 & 2 & 2 & 3 \\ 0 & -1 & 1 & 2 \\ 0 & -2 & 2 & 4 \end{pmatrix}$$

第 2 行を -1 倍する．

$$\begin{pmatrix} 1 & 2 & 2 & 3 \\ 0 & 1 & -1 & -2 \\ 0 & -2 & 2 & 4 \end{pmatrix}$$

$(2,2)$ 成分で列掃き出しを行う．

$$\begin{pmatrix} 1 & 0 & 4 & 7 \\ 0 & 1 & -1 & -2 \\ 0 & 0 & 0 & 0 \end{pmatrix}$$

これ以上，注目成分を選ぶことができないので，対応する連立 1 次方程式を書く．

$$\begin{cases} x + 0y + 4z = 7 \\ 0x + y - z = -2 \\ 0x + 0y + 0z = 0 \end{cases}$$

3 番目の等式はいつでもなりたっている．1 番目と 2 番目の等式について，注目成分とならなかった第 3 列に対応する変数 z の項を右辺に移項する．

$$\begin{cases} x = 7 - 4z \\ y = -2 + z \end{cases}$$

変数 z に任意の値 c をとらせた $x = 7 - 4c$, $y = -2 + c$, $z = c$ が連立 1 次方程式の解である．

$(1,1)$ 成分で列掃き出しを行ったあと，別の掃き出しを行ってみる．

$$\begin{pmatrix} 1 & 2 & 2 & 3 \\ 0 & -1 & 1 & 2 \\ 0 & -2 & 2 & 4 \end{pmatrix}$$

$(2, 3)$ 成分で列掃き出しを行う.

$$\begin{pmatrix} 1 & 4 & 0 & -1 \\ 0 & -1 & 1 & 2 \\ 0 & 0 & 0 & 0 \end{pmatrix}$$

対応する連立 1 次方程式は

$$\begin{cases} x + 4y \phantom{{}+z} = -1 \\ -y + z = 2 \end{cases}$$

変数 y の項を右辺に移項する.

$$\begin{cases} x = -1 - 4y \\ z = 2 + y \end{cases}$$

変数 y に任意の値 d をとらせた解は，$x = -1-4d$, $y = d$, $z = 2+d$ となり，前に得た解とは異なる形になる．しかし，これは定数のとりかたが $d = -2+c$ の関係のもとで異なるだけであり，同じ解である． ■

例題でみたように，連立 1 次方程式には，唯一つの解があるもの，解が無いもの，解が沢山あるものがある．

方程式を解くとは，その方程式をみたす解をすべて求めることである．つまり，その方程式を解く過程において，解の一部が抜け落ちることがあってはならないし，解でないものが混じりこんだらそれをはずさなければならない．連立 1 次方程式を掃き出し法で解くとき，解の一部が抜け落ちたり，解でないものが混じりこんだりしないのは，行列に掃き出し法の操作を行った後で，その逆の操作を行えばもとの行列が得られるからである．すなわち，行列の第 p 行の k 倍を第 q 行に加える操作を行った後で，第 p 行の $-k$ 倍を第 q 行に加える操作を行えばもとの行列が得られる．また，行列の第 p 行を k 倍（ただし，$k \neq 0$）した後で，第 p 行の $\dfrac{1}{k}$ 倍を行えばもとの行列が得られるからである．

方程式の解が抜け落ちたり，解でないものが混じりこむ操作の例を電子ファイルにおいて示す.

問題 4.1. 次の連立 1 次方程式を掃き出し法で解け.

(1)

$$\begin{cases} x+2y-z=-2 \\ x+5z=1 \\ 2x+3y+z=3 \end{cases}$$

(2)

$$\begin{cases} 2x+3y+z=-1 \\ x+2y-z=-1 \\ x+y+2z=0 \end{cases}$$

4.2　斉次連立 1 次方程式

例題 4.3. 連立 1 次方程式

$$\begin{cases} x+y+z=0 \\ x+2y+2z=0 \\ x+3y+4z=0 \end{cases}$$

を掃き出し法で解け.

【解答】　係数行列は

$$\begin{pmatrix} 1 & 1 & 1 & 0 \\ 1 & 2 & 2 & 0 \\ 1 & 3 & 4 & 0 \end{pmatrix}$$

$(1,1)$ 成分で列掃き出しを行う.

$$\begin{pmatrix} 1 & 1 & 1 & 0 \\ 0 & 1 & 1 & 0 \\ 0 & 2 & 3 & 0 \end{pmatrix}$$

$(2,2)$ 成分で列掃き出しを行う.

$$\begin{pmatrix} 1 & 0 & 0 & 0 \\ 0 & 1 & 1 & 0 \\ 0 & 0 & 1 & 0 \end{pmatrix}$$

$(3,3)$ 成分で列掃き出しを行う．

$$\begin{pmatrix} 1 & 0 & 0 & 0 \\ 0 & 1 & 0 & 0 \\ 0 & 0 & 1 & 0 \end{pmatrix}$$

したがって，解は $x=0,\ y=0,\ z=0$ である． ■

定数項がすべて0である連立1次方程式を**斉次連立1次方程式**という．斉次連立1次方程式はすべての未知数の値が0という解をもつことは計算するまでもなく明らかである．この解を**自明な解**という．

例題 4.4. 未知数が3個，等式2個の斉次連立1次方程式

$$\begin{cases} x+3y+3z=0 \\ x+5y+4z=0 \end{cases}$$

を掃き出し法で解け．

【解答】 係数行列は

$$\begin{pmatrix} 1 & 3 & 3 & 0 \\ 1 & 5 & 4 & 0 \end{pmatrix}$$

$(1,1)$ 成分で列掃き出しを行う．

$$\begin{pmatrix} 1 & 3 & 3 & 0 \\ 0 & 2 & 1 & 0 \end{pmatrix}$$

$(2,3)$ 成分で列掃き出しを行う．

$$\begin{pmatrix} 1 & -3 & 0 & 0 \\ 0 & 2 & 1 & 0 \end{pmatrix}$$

対応する連立1次方程式は

$$\begin{cases} x-3y+0z=0 \\ 0x+2y+\ \ z=0 \end{cases}$$

第2列は注目成分を出さなかった．その第2列に対応する変数 y に任意の定数

c をとらせる $x = 3c,\ y = c,\ z = -2c$ が解である．$c \neq 0$ のときは自明な解と異なる解である． ■

例題 4.3 の連立 1 次方程式は自明な解のみをもち，例題 4.4 の連立 1 次方程式は自明な解のほかに解をもつ．このように，斉次連立 1 次方程式には自明な解のみをもつものと，自明な解のほかに解をもつものがある．

例題 4.4 で見たように未知数が 3 個，等式が 2 個の斉次連立 1 次方程式

$$\begin{cases} a_{11}x + a_{12}y + a_{13}z = 0 \\ a_{21}x + a_{22}y + a_{23}z = 0 \end{cases}$$

は，係数行列に掃き出し法を行ったとき，等式の個数よりも未知数の個数が多いので注目成分を出さない列ができる．したがって，その列に対応する変数に任意の定数 c をとらせた解をつくることができる．つまり，自明な解のほかに解が存在する．これと同じ理由で，次の定理がなりたつ．

定理 4.1. 未知数の個数よりも等式の個数が少ない斉次連立 1 次方程式は，自明な解のほかに解をもつ．つまり，未知数が n 個，等式が m 個の斉次連立 1 次方程式

$$\begin{cases} a_{11}x_1 + a_{12}x_2 + \cdots + a_{1n}x_n = 0 \\ a_{21}x_1 + a_{22}x_2 + \cdots + a_{2n}x_n = 0 \\ \quad \vdots \\ a_{m1}x_1 + a_{m2}x_2 + \cdots + a_{mn}x_n = 0 \end{cases}$$

は $m < n$ のとき，自明な解 $x_1 = x_2 = \cdots = x_n = 0$ のほかに解をもつ．

定理 4.1 の帰納法を用いた別証明を電子ファイルに示す．

第5章
ベクトル

5.1 ベクトルの1次結合

$n \times 1$ 実行列を$\boldsymbol{n}$ 次元数ベクトル，あるいは簡単に，ベクトルという．ベクトルを $\boldsymbol{a}, \boldsymbol{b}$ などの太字で表す．

2つのベクトルの和とは，それぞれ対応する成分の和をとってできるベクトルのことである．たとえば，

$\boldsymbol{a} = \begin{pmatrix} 2 \\ 3 \\ 4 \end{pmatrix}$ と $\boldsymbol{b} = \begin{pmatrix} 4 \\ -3 \\ 0 \end{pmatrix}$ との和は

$$\boldsymbol{a} + \boldsymbol{b} = \begin{pmatrix} 2+4 \\ 3+(-3) \\ 4+0 \end{pmatrix} = \begin{pmatrix} 6 \\ 0 \\ 4 \end{pmatrix}$$

である．

2次元数ベクトルと3次元数ベクトルの和は考えない．つまり，ベクトルの和を考えるのは同じ次元の数ベクトルについてである．

ベクトルの定数倍とは，各成分にその定数をかけてできるベクトルのことである．たとえば，

$\boldsymbol{a} = \begin{pmatrix} 3 \\ 2 \\ -1 \end{pmatrix}$ の3倍は

$$3\boldsymbol{a} = \begin{pmatrix} 3 \times 3 \\ 3 \times 2 \\ 3 \times (-1) \end{pmatrix} = \begin{pmatrix} 9 \\ 6 \\ -3 \end{pmatrix}$$

である．

2つのベクトル $\boldsymbol{a}_1$, $\boldsymbol{a}_2$ と2つの実数 c_1, c_2 で

$$c_1\boldsymbol{a}_1 + c_2\boldsymbol{a}_2$$

と表せるベクトルを $\boldsymbol{a}_1$, $\boldsymbol{a}_2$ の**1次結合**という．

例題 5.1. $\boldsymbol{a}_1 = \begin{pmatrix} 2 \\ 1 \\ -2 \end{pmatrix}$, $\boldsymbol{a}_2 = \begin{pmatrix} -1 \\ 3 \\ -1 \end{pmatrix}$, $\boldsymbol{b} = \begin{pmatrix} 7 \\ -7 \\ -1 \end{pmatrix}$ とするとき，$\boldsymbol{b}$ が $\boldsymbol{a}_1$, $\boldsymbol{a}_2$ の1次結合であるかどうかを調べよ．

【解答】 $\boldsymbol{b}$ が $\boldsymbol{a}_1$, $\boldsymbol{a}_2$ の1次結合であるとすると，

$$\boldsymbol{b} = x_1\boldsymbol{a}_1 + x_2\boldsymbol{a}_2$$

をみたす2つの実数 x_1, x_2 が存在する．上の等式を成分で表せば，

$$x_1\begin{pmatrix} 2 \\ 1 \\ -2 \end{pmatrix} + x_2\begin{pmatrix} -1 \\ 3 \\ -1 \end{pmatrix} = \begin{pmatrix} 7 \\ -7 \\ -1 \end{pmatrix}$$

となる．左辺を計算すると，

$$\begin{pmatrix} 2x_1 - x_2 \\ x_1 + 3x_2 \\ -2x_1 - x_2 \end{pmatrix} = \begin{pmatrix} 7 \\ -7 \\ -1 \end{pmatrix}$$

したがって，

$$\begin{cases} 2x_1 - x_2 = 7 \\ x_1 + 3x_2 = -7 \\ -2x_1 - x_2 = -1 \end{cases}$$

x_1, x_2 を未知数とするこの連立1次方程式を掃き出し法で解く．

係数行列は

$$\begin{pmatrix} 2 & -1 & 7 \\ 1 & 3 & -7 \\ -2 & -1 & -1 \end{pmatrix}$$

$(2,1)$ 成分で列掃き出しを行う.

$$\begin{pmatrix} 0 & -7 & 21 \\ 1 & 3 & -7 \\ 0 & 5 & -15 \end{pmatrix}$$

第1行に $-\frac{1}{7}$ をかけ，さらに，第3行に $\frac{1}{5}$ をかける.

$$\begin{pmatrix} 0 & 1 & -3 \\ 1 & 3 & -7 \\ 0 & 1 & -3 \end{pmatrix}$$

$(1,2)$ 成分で列掃き出しを行う.

$$\begin{pmatrix} 0 & 1 & -3 \\ 1 & 0 & 2 \\ 0 & 0 & 0 \end{pmatrix}$$

したがって，$x_1 = 2$, $x_2 = -3$ が解である.

ゆえに，$\boldsymbol{b} = 2\boldsymbol{a}_1 - 3\boldsymbol{a}_2$ となり，$\boldsymbol{b}$ は $\boldsymbol{a}_1$, $\boldsymbol{a}_2$ の1次結合である. ■

例題 5.2. $\boldsymbol{a}_1 = \begin{pmatrix} 2 \\ 1 \\ -2 \end{pmatrix}$, $\boldsymbol{a}_2 = \begin{pmatrix} -1 \\ 3 \\ -1 \end{pmatrix}$, $\boldsymbol{b} = \begin{pmatrix} -3 \\ 2 \\ -1 \end{pmatrix}$ とするとき，$\boldsymbol{b}$ が $\boldsymbol{a}_1$, $\boldsymbol{a}_2$ の1次結合であるか調べよ.

【解答】 $\boldsymbol{b}$ が $\boldsymbol{a}_1$, $\boldsymbol{a}_2$ の1次結合であるとすると，

$$\boldsymbol{b} = x_1\boldsymbol{a}_1 + x_2\boldsymbol{a}_2$$

をみたす2つの実数 x_1, x_2 が存在する. 上の等式を成分で表せば，

$$x_1\begin{pmatrix}2\\1\\-2\end{pmatrix}+x_2\begin{pmatrix}-1\\3\\-1\end{pmatrix}=\begin{pmatrix}-3\\2\\-1\end{pmatrix}$$

となる．両辺のベクトルが一致することより，これは

$$\begin{cases}2x_1-x_2=-3\\ x_1+3x_2=2\\ -2x_1-x_2=-1\end{cases}$$

と同じである．x_1，x_2 を未知数とするこの連立１次方程式を掃き出し法で解く．

係数行列は

$$\begin{pmatrix}2&-1&-3\\1&3&2\\-2&-1&-1\end{pmatrix}$$

$(2,1)$ 成分で列掃き出しを行う．

$$\begin{pmatrix}0&-7&-7\\1&3&2\\0&5&3\end{pmatrix}$$

第１行に $-\frac{1}{7}$ をかける．

$$\begin{pmatrix}0&1&1\\1&3&2\\0&5&3\end{pmatrix}$$

$(1,2)$ 成分で列掃き出しを行う．

$$\begin{pmatrix}0&1&1\\1&0&-1\\0&0&-2\end{pmatrix}$$

第３行を方程式で表せば，$0x_1+0x_2=-2$ であり，これをみたす解は無い．したがって，$\boldsymbol{b}$ は $\boldsymbol{a}_1$，$\boldsymbol{a}_2$ の１次結合ではない． ■

問題 5.1. $\boldsymbol{a}_1 = \begin{pmatrix} 1 \\ 1 \\ 2 \end{pmatrix}$, $\boldsymbol{a}_2 = \begin{pmatrix} -2 \\ 2 \\ 1 \end{pmatrix}$, $\boldsymbol{b} = \begin{pmatrix} -3 \\ 2 \\ -1 \end{pmatrix}$, $\boldsymbol{c} = \begin{pmatrix} 1 \\ 5 \\ 7 \end{pmatrix}$ とするとき，

(1) $\boldsymbol{b}$ は $\boldsymbol{a}_1$, $\boldsymbol{a}_2$ の 1 次結合であるか.

(2) $\boldsymbol{c}$ は $\boldsymbol{a}_1$, $\boldsymbol{a}_2$ の 1 次結合であるか.

5.2 1次独立系と1次従属系

与えられた 3 個のベクトル $\boldsymbol{a}_1$, $\boldsymbol{a}_2$, $\boldsymbol{a}_3$ のうちのどれかのベクトルが他の 2 個のベクトルの 1 次結合であるとき，これら 3 個のベクトルは**1 次従属系**である，あるいは，**互いに 1 次従属**であるという．1 次従属系でないとき，つまり，どのベクトルも他の 2 個のベクトルの 1 次結合でないとき，**1 次独立系**である，あるいは，**互いに 1 次独立**であるという.

3 個のベクトルが 1 次独立系であるか，または，1 次従属系であるかを判定するには次の 3 つを調べることが必要である.

(1) $\boldsymbol{a}_1$ は $\boldsymbol{a}_2$, $\boldsymbol{a}_3$ の 1 次結合であるか.

(2) $\boldsymbol{a}_2$ は $\boldsymbol{a}_1$, $\boldsymbol{a}_3$ の 1 次結合であるか.

(3) $\boldsymbol{a}_3$ は $\boldsymbol{a}_1$, $\boldsymbol{a}_2$ の 1 次結合であるか.

しかし，これを 1 度に調べることができるのが次の判定法である.

x_1, x_2, x_3 を未知数とするベクトルについての方程式

$$x_1\boldsymbol{a}_1 + x_2\boldsymbol{a}_2 + x_3\boldsymbol{a}_3 = \boldsymbol{0}$$

が自明な解 $x_1 = x_2 = x_3 = 0$ のみが解であれば，1 次独立系であり，自明な解のほかに解を持てば，1 次従属系である.

このことの証明は，これを一般化した定理 5.1 で行う.

例題 5.3. $\boldsymbol{a}_1 = \begin{pmatrix} -1 \\ 3 \\ -1 \end{pmatrix}$, $\boldsymbol{a}_2 = \begin{pmatrix} 7 \\ -7 \\ -1 \end{pmatrix}$, $\boldsymbol{a}_3 = \begin{pmatrix} 2 \\ 1 \\ -2 \end{pmatrix}$ は1次独立系であるか，1次従属系であるかを判定せよ．

【解答】 ベクトルについての方程式

$$x_1\boldsymbol{a}_1 + x_2\boldsymbol{a}_2 + x_3\boldsymbol{a}_3 = \boldsymbol{0}$$

は，

$$x_1 \begin{pmatrix} -1 \\ 3 \\ -1 \end{pmatrix} + x_2 \begin{pmatrix} 7 \\ -7 \\ -1 \end{pmatrix} + x_3 \begin{pmatrix} 2 \\ 1 \\ -2 \end{pmatrix} = \begin{pmatrix} 0 \\ 0 \\ 0 \end{pmatrix}$$

と表せる．これから得られる斉次連立1次方程式の係数行列は

$$\begin{pmatrix} -1 & 7 & 2 & 0 \\ 3 & -7 & 1 & 0 \\ -1 & -1 & -2 & 0 \end{pmatrix}$$

となる．第1行を -1 倍する．

$$\begin{pmatrix} 1 & -7 & -2 & 0 \\ 3 & -7 & 1 & 0 \\ -1 & -1 & -2 & 0 \end{pmatrix}$$

$(1,1)$ 成分で列掃き出しを行う．

$$\begin{pmatrix} 1 & -7 & -2 & 0 \\ 0 & 14 & 7 & 0 \\ 0 & -8 & -4 & 0 \end{pmatrix}$$

第2行に $\frac{1}{7}$ をかける．

$$\begin{pmatrix} 1 & -7 & -2 & 0 \\ 0 & 2 & 1 & 0 \\ 0 & -8 & -4 & 0 \end{pmatrix}$$

$(2,3)$ 成分で列掃き出しを行う．

$$\begin{pmatrix} 1 & -3 & 0 & 0 \\ 0 & 2 & 1 & 0 \\ 0 & 0 & 0 & 0 \end{pmatrix}$$

対応する連立１次方程式は

$$\begin{cases} 1x_1 - 3x_2 = 0 \\ 2x_2 + 1x_3 = 0 \\ 0x_1 + 0x_2 + 0x_3 = 0 \end{cases}$$

ゆえに，c を任意の数とするとき，$x_1 = 3c$, $x_2 = c$, $x_3 = -2c$ が解である．$c \neq 0$ のときは自明な解と異なる解である．自明な解の他に解があるので，$\boldsymbol{a}_1, \boldsymbol{a}_2$, $\boldsymbol{a}_3$ は１次従属系である．

たとえば，$c = 1$ とすると，$3\boldsymbol{a}_1 + \boldsymbol{a}_2 - 2\boldsymbol{a}_3 = \boldsymbol{0}$ がなりたつ．これより，$\boldsymbol{a}_2 = -3\boldsymbol{a}_1 + 2\boldsymbol{a}_3$ となり，$\boldsymbol{a}_2$ は $\boldsymbol{a}_1$, $\boldsymbol{a}_3$ の１次結合である． ■

例題 5.4. $\boldsymbol{a}_1 = \begin{pmatrix} -3 \\ 2 \\ -1 \end{pmatrix}$, $\boldsymbol{a}_2 = \begin{pmatrix} 2 \\ 1 \\ -2 \end{pmatrix}$, $\boldsymbol{a}_3 = \begin{pmatrix} -1 \\ 3 \\ -1 \end{pmatrix}$ は１次独立系であるか，１次従属系であるかを判定せよ．

【解答】 ベクトルについての方程式

$$x_1\boldsymbol{a}_1 + x_2\boldsymbol{a}_2 + x_3\boldsymbol{a}_3 = \boldsymbol{0}$$

は，

$$x_1 \begin{pmatrix} -3 \\ 2 \\ -1 \end{pmatrix} + x_2 \begin{pmatrix} 2 \\ 1 \\ -2 \end{pmatrix} + x_3 \begin{pmatrix} -1 \\ 3 \\ -1 \end{pmatrix} = \begin{pmatrix} 0 \\ 0 \\ 0 \end{pmatrix}$$

であり，その係数行列は

$$\begin{pmatrix} -3 & 2 & -1 & 0 \\ 2 & 1 & 3 & 0 \\ -1 & -2 & -1 & 0 \end{pmatrix}$$

となる．第3行に -1 をかける．

$$\begin{pmatrix} -3 & 2 & -1 & 0 \\ 2 & 1 & 3 & 0 \\ 1 & 2 & 1 & 0 \end{pmatrix}$$

$(3,1)$ 成分で列掃き出しを行う．

$$\begin{pmatrix} 0 & 8 & 2 & 0 \\ 0 & -3 & 1 & 0 \\ 1 & 2 & 1 & 0 \end{pmatrix}$$

第1行に $\frac{1}{2}$ をかける．

$$\begin{pmatrix} 0 & 4 & 1 & 0 \\ 0 & -3 & 1 & 0 \\ 1 & 2 & 1 & 0 \end{pmatrix}$$

$(1,3)$ 成分で列掃き出しを行う．

$$\begin{pmatrix} 0 & 4 & 1 & 0 \\ 0 & -7 & 0 & 0 \\ 1 & -2 & 0 & 0 \end{pmatrix}$$

第2行に $-\frac{1}{7}$ をかける．

$$\begin{pmatrix} 0 & 4 & 1 & 0 \\ 0 & 1 & 0 & 0 \\ 1 & -2 & 0 & 0 \end{pmatrix}$$

$(2,2)$ 成分で列掃き出しを行う．

$$\begin{pmatrix} 0 & 0 & 1 & 0 \\ 0 & 1 & 0 & 0 \\ 1 & 0 & 0 & 0 \end{pmatrix}$$

したがって，自明な解 $x_1 = x_2 = x_3 = 0$ のみが解である．ゆえに，$\boldsymbol{a}_1$，$\boldsymbol{a}_2$，$\boldsymbol{a}_3$ は1次独立系である． ■

問題 5.2. $\boldsymbol{a}_1 = \begin{pmatrix} 2 \\ 1 \\ 3 \end{pmatrix}$, $\boldsymbol{a}_2 = \begin{pmatrix} 1 \\ 2 \\ 3 \end{pmatrix}$, $\boldsymbol{a}_3 = \begin{pmatrix} 4 \\ -1 \\ 1 \end{pmatrix}$ は1次独立系であるか，1次従属系であるかを判定せよ.

問題 5.3. $\boldsymbol{a}_1 = \begin{pmatrix} 1 \\ 2 \\ 3 \end{pmatrix}$, $\boldsymbol{a}_2 = \begin{pmatrix} 2 \\ 3 \\ 4 \end{pmatrix}$, $\boldsymbol{a}_3 = \begin{pmatrix} 3 \\ 2 \\ 1 \end{pmatrix}$ は1次独立系であるか，1次従属系であるかを判定せよ.

ベクトルの個数が多い場合も，1次独立系，1次従属系の概念および判定法を同様に考えることができる.

一般に，k を自然数とするとき，k 個のベクトル $\boldsymbol{a}_1$, $\boldsymbol{a}_2$, $\cdots$, $\boldsymbol{a}_k$ と k 個の実数 c_1, c_2, $\cdots$, c_k で

$$c_1\boldsymbol{a}_1 + c_2\boldsymbol{a}_2 + \cdots + c_k\boldsymbol{a}_k$$

と表せるベクトルを $\boldsymbol{a}_1$, $\boldsymbol{a}_2$, $\cdots$, $\boldsymbol{a}_k$ の**1次結合**という.

k を2以上の自然数とするとき，あたえられた k 個のベクトル $\boldsymbol{a}_1$, $\boldsymbol{a}_2$, $\cdots$, $\boldsymbol{a}_k$ のうちのどれかのベクトルが他の $k-1$ 個のベクトルの1次結合であるとき，これら k 個のベクトルは**1次従属系**，あるいは，**互いに1次従属**であるという. 1次従属系でないとき，つまり，どのベクトルも他の $k-1$ 個のベクトルの1次結合でないとき，**1次独立系**，あるいは，**互いに1次独立**であるという. $k=1$ のときは，1個のベクトル $\boldsymbol{a}_1$ は $\boldsymbol{a}_1 \neq \boldsymbol{0}$ のとき**1次独立系**といい，$\boldsymbol{a}_1 = \boldsymbol{0}$ のとき**1次従属系**という.

定理 5.1. x_1, x_2, $\cdots$, x_k を未知数とする方程式

$$x_1\boldsymbol{a}_1 + x_2\boldsymbol{a}_2 + \cdots + x_k\boldsymbol{a}_k = \boldsymbol{0}$$

が，自明な解 $x_1 = x_2 = \cdots = x_k = 0$ のみであれば，$\boldsymbol{a}_1$, $\boldsymbol{a}_2$, $\cdots$, $\boldsymbol{a}_k$ は1次独立系であり，自明な解のほかに解を持てば，$\boldsymbol{a}_1$, $\boldsymbol{a}_2$, $\cdots$, $\boldsymbol{a}_k$ は1次従属系である.

証明. ここではわかりやすさのために，$k=3$ の場合を証明する．一般の k の場合は電子ファイルで示す．

$\boldsymbol{a}_1$, $\boldsymbol{a}_2$, $\boldsymbol{a}_3$ が 1 次従属系であるとすると，この中のいずれかのベクトル，たとえば，$\boldsymbol{a}_3$ が

$$\boldsymbol{a}_3 = c_1\boldsymbol{a}_1 + c_2\boldsymbol{a}_2$$

と 1 次結合になる．これより，

$$c_1\boldsymbol{a}_1 + c_2\boldsymbol{a}_2 + (-1)\boldsymbol{a}_3 = \mathbf{0}$$

これは，$x_1 = c_1, x_2 = c_2, x_3 = -1$ が方程式の自明な解 $x_1 = x_2 = x_3 = 0$ とは異なる解であることを示している．つまり，自明な解のほかの解をもった．したがって，方程式が自明な解のみをもてば，$\boldsymbol{a}_1$, $\boldsymbol{a}_2$, $\boldsymbol{a}_3$ は 1 次独立系である．

次に，方程式が自明な解 $x_1 = x_2 = x_3 = 0$ とは異なる解 $x_1 = c_1, x_2 = c_2, x_3 = c_3$ を持つとする．

$$c_1\boldsymbol{a}_1 + c_2\boldsymbol{a}_2 + c_3\boldsymbol{a}_3 = \mathbf{0}$$

がなりたち，3 個の数 c_1, c_2, c_3 のいずれかは 0 でないので，たとえば，$c_3 \neq 0$ とすると，

$$\boldsymbol{a}_3 = -\frac{c_1}{c_3}\boldsymbol{a}_1 - \frac{c_2}{c_3}\boldsymbol{a}_2$$

となり，$\boldsymbol{a}_3$ は他の 2 個のベクトルの 1 次結合になるので，$\boldsymbol{a}_1$, $\boldsymbol{a}_2$, $\boldsymbol{a}_3$ は 1 次従属系である．（証明終）

1 次独立系があるとき，そのなかからベクトルを取り去ったものも 1 次独立系である．1 次従属系があるとき，それに任意のベクトルを加えたものも 1 次従属系である．次の定理は 1 次独立系であるとき，それにベクトルを加えてもなお 1 次独立系にする方法を示している．

定理 5.2. k 個のベクトル $\boldsymbol{a}_1$, $\boldsymbol{a}_2$, $\cdots$, $\boldsymbol{a}_k$ が 1 次独立系であるとき，$\boldsymbol{a}_1$, $\boldsymbol{a}_2$, $\cdots$, $\boldsymbol{a}_k$ の 1 次結合でないベクトル $\boldsymbol{a}_{k+1}$ を加えた $k+1$ 個のベクトル $\boldsymbol{a}_1$, $\boldsymbol{a}_2$, $\cdots$, $\boldsymbol{a}_k$, $\boldsymbol{a}_{k+1}$ は 1 次独立系である．

証明. ベクトルについての方程式

$$x_1\boldsymbol{a}_1 + x_2\boldsymbol{a}_2 + \cdots + x_k\boldsymbol{a}_k + x_{k+1}\boldsymbol{a}_{k+1} = \boldsymbol{0}$$

を考える．この方程式に x_{k+1} が 0 でない解があるとして，その解を $x_1 = c_1, x_2 = c_2, \cdots, x_k = c_k, x_{k+1} = c_{k+1}$ とすれば，$c_{k+1} \neq 0$ だから，

$$\boldsymbol{a}_{k+1} = -\frac{c_1}{c_{k+1}}\boldsymbol{a}_1 - \frac{c_2}{c_{k+1}}\boldsymbol{a}_2 - \cdots - \frac{c_k}{c_{k+1}}\boldsymbol{a}_k$$

がなりたつので定理の仮定に反する．ゆえに，方程式の解は $x_{k+1} = 0$ となる．したがって，

$$x_1\boldsymbol{a}_1 + x_2\boldsymbol{a}_2 + \cdots + x_k\boldsymbol{a}_k = \boldsymbol{0}$$

となり，$\boldsymbol{a}_1, \boldsymbol{a}_2, \cdots, \boldsymbol{a}_k$ は 1 次独立系だから，定理 5.1 より $x_1 = x_2 = \cdots = x_k = 0$ となる．あわせると，$x_1 = x_2 = \cdots = x_k = x_{k+1} = 0$ が得られたから，$\boldsymbol{a}_1, \boldsymbol{a}_2, \cdots, \boldsymbol{a}_k, \boldsymbol{a}_{k+1}$ は 1 次独立系である． (証明終)

問題 5.4. $\boldsymbol{a}_1, \boldsymbol{a}_2, \boldsymbol{a}_3$ が 1 次独立系であるとき，$\boldsymbol{a}_1 + \boldsymbol{a}_2, \boldsymbol{a}_2 + \boldsymbol{a}_3, \boldsymbol{a}_3 + \boldsymbol{a}_1$ は 1 次独立系であることを示せ．

問題 5.5. $\boldsymbol{a}_1, \boldsymbol{a}_2, \boldsymbol{a}_3$ が 1 次独立系であるとき，$c \neq 0$ について，$c\boldsymbol{a}_1, c\boldsymbol{a}_2, c\boldsymbol{a}_3$ は 1 次独立系であることを示せ．

問題 5.6. 3 個のベクトル $\boldsymbol{a}_1, \boldsymbol{a}_2, \boldsymbol{a}_3$ について，$\boldsymbol{a}_1 - \boldsymbol{a}_2, \boldsymbol{a}_2 - \boldsymbol{a}_3, \boldsymbol{a}_3 - \boldsymbol{a}_1$ は 1 次従属系であることを示せ．

問題 5.7. 1 次独立系 $\boldsymbol{a}_1, \boldsymbol{a}_2, \boldsymbol{a}_3$ と 9 つの実数 $a_{11}, a_{12}, a_{13}, a_{21}, a_{22}, a_{23}, a_{31}, a_{32}, a_{33}$ に対して，ベクトル $\boldsymbol{b}_1, \boldsymbol{b}_2, \boldsymbol{b}_3$ を

$$\begin{aligned}
\boldsymbol{b}_1 &= a_{11}\boldsymbol{a}_1 + a_{12}\boldsymbol{a}_2 + a_{13}\boldsymbol{a}_3 \\
\boldsymbol{b}_2 &= a_{21}\boldsymbol{a}_1 + a_{22}\boldsymbol{a}_2 + a_{23}\boldsymbol{a}_3 \\
\boldsymbol{b}_3 &= a_{31}\boldsymbol{a}_1 + a_{32}\boldsymbol{a}_2 + a_{33}\boldsymbol{a}_3
\end{aligned}$$

と置くとき，$\begin{vmatrix} a_{11} & a_{12} & a_{13} \\ a_{21} & a_{22} & a_{23} \\ a_{31} & a_{32} & a_{33} \end{vmatrix} \neq 0$ ならば，$\boldsymbol{b}_1, \boldsymbol{b}_2, \boldsymbol{b}_3$ は 1 次独立系であることを示せ．

5.3 5章章末問題

問題 5.8. 3つのベクトル $\boldsymbol{a}_1, \boldsymbol{a}_2, \boldsymbol{a}_3$ で，$\boldsymbol{a}_1, \boldsymbol{a}_2$ は1次独立系，$\boldsymbol{a}_1, \boldsymbol{a}_3$ は1次独立系，$\boldsymbol{a}_2, \boldsymbol{a}_3$ は1次独立系であるが，$\boldsymbol{a}_1, \boldsymbol{a}_2, \boldsymbol{a}_3$ は1次従属系となるものの例を示せ.

問題 5.9. 4つのベクトル $\boldsymbol{a}_1, \boldsymbol{a}_2, \boldsymbol{a}_3, \boldsymbol{a}_4$ で，$\boldsymbol{a}_1, \boldsymbol{a}_2, \boldsymbol{a}_3$ は1次独立系，$\boldsymbol{a}_1, \boldsymbol{a}_2, \boldsymbol{a}_4$ は1次独立系，$\boldsymbol{a}_1, \boldsymbol{a}_3, \boldsymbol{a}_4$ は1次独立系，$\boldsymbol{a}_2, \boldsymbol{a}_3, \boldsymbol{a}_4$ は1次独立系であるが，$\boldsymbol{a}_1, \boldsymbol{a}_2, \boldsymbol{a}_3, \boldsymbol{a}_4$ は1次従属系となるものの例を示せ.

問題 5.10. 3つのベクトル $\boldsymbol{a}_1, \boldsymbol{a}_2, \boldsymbol{a}_3$ について，$\boldsymbol{a}_1, \boldsymbol{a}_1 + \boldsymbol{a}_2, \boldsymbol{a}_1 + \boldsymbol{a}_2 + \boldsymbol{a}_3$ が1次独立系であれば，$\boldsymbol{a}_1, \boldsymbol{a}_2, \boldsymbol{a}_3$ は1次独立系であることを示せ.

問題 5.11. 4つのベクトル $\boldsymbol{a}_1, \boldsymbol{a}_2, \boldsymbol{a}_3, \boldsymbol{a}_4$ が1次従属系であれば，$\boldsymbol{a}_1, \boldsymbol{a}_1 + \boldsymbol{a}_2, \boldsymbol{a}_1 + \boldsymbol{a}_2 + \boldsymbol{a}_3, \boldsymbol{a}_1 + \boldsymbol{a}_2 + \boldsymbol{a}_3 + \boldsymbol{a}_4$ は1次従属系であることを示せ.

問題 5.12. $m \times n$ 行列 A と k 個の n 次元数ベクトル $\boldsymbol{a}_1, \boldsymbol{a}_2, \cdots, \boldsymbol{a}_k$ について，$A\boldsymbol{a}_1, A\boldsymbol{a}_2, \cdots, A\boldsymbol{a}_k$ が1次独立系であれば，$\boldsymbol{a}_1, \boldsymbol{a}_2, \cdots, \boldsymbol{a}_k$ は1次独立系であることを示せ.

第6章
部分ベクトル空間とその次元

6.1 部分ベクトル空間

n 次元数ベクトルの空でない集合 V が次の性質 (1) と (2) をみたすとき**部分ベクトル空間**という.

性質 (1)　$\boldsymbol{a} \in V, \boldsymbol{b} \in V$ ならば，$\boldsymbol{a} + \boldsymbol{b} \in V$ がなりたつ.

性質 (2)　$\boldsymbol{a} \in V$ で c を実数とするならば，$c\boldsymbol{a} \in V$ がなりたつ.

ここで，記号 $\boldsymbol{a} \in V$ は $\boldsymbol{a}$ が集合 V に属するベクトルであることを意味する.

集合 V が性質 (1) と性質 (2) をみたすことを，V は「和と定数倍について閉じている」という．この用語を用いれば，部分ベクトル空間とは和と定数倍について閉じているベクトルの集合のことである.

例題 6.1. 3 次元数ベクトル $\begin{pmatrix} x_1 \\ x_2 \\ x_3 \end{pmatrix}$ で $x_1 + x_2 + x_3 = 0$ をみたすもの全体の集合

$$V = \left\{ \quad \boldsymbol{x} = \begin{pmatrix} x_1 \\ x_2 \\ x_3 \end{pmatrix} \quad \middle| \quad x_1 + x_2 + x_3 = 0 \quad \right\}$$

は部分ベクトル空間であることを示せ.

【解答】 (1) $\boldsymbol{a} = \begin{pmatrix} a_1 \\ a_2 \\ a_3 \end{pmatrix} \in V, \boldsymbol{b} = \begin{pmatrix} b_1 \\ b_2 \\ b_3 \end{pmatrix} \in V$ とすれば，$a_1 + a_2 + a_3 = 0, b_1 + b_2 + b_3 = 0$ だから，$(a_1 + b_1) + (a_2 + b_2) + (a_3 + b_3) = 0$ がなりたつ.

ゆえに，$\boldsymbol{a}+\boldsymbol{b}=\begin{pmatrix} a_1+b_1 \\ a_2+b_2 \\ a_3+b_3 \end{pmatrix} \in V$ がなりたつ．

(2) $\boldsymbol{a}=\begin{pmatrix} a_1 \\ a_2 \\ a_3 \end{pmatrix} \in V$ とし，c を実数とすれば，$a_1+a_2+a_3=0$ だから，

$ca_1+ca_2+ca_3=0$ がなりたつ．ゆえに，$c\boldsymbol{a}=\begin{pmatrix} ca_1 \\ ca_2 \\ ca_3 \end{pmatrix} \in V$ がなりたつ．

(1), (2) より，V は部分ベクトル空間である． ■

例題 6.2. 2 次元数ベクトル $\begin{pmatrix} x_1 \\ x_2 \end{pmatrix}$ で $x_1x_2=0$ をみたすもの全体の集合

$$U=\left\{ \begin{pmatrix} x_1 \\ x_2 \end{pmatrix} \mid x_1x_2=0 \right\}$$

は部分ベクトル空間ではないことを示せ．

【解答】 $\begin{pmatrix} 1 \\ 0 \end{pmatrix} \in U$, $\begin{pmatrix} 0 \\ 1 \end{pmatrix} \in U$ であるが，$\begin{pmatrix} 1 \\ 0 \end{pmatrix}+\begin{pmatrix} 0 \\ 1 \end{pmatrix}=\begin{pmatrix} 1 \\ 1 \end{pmatrix} \notin U$ だから，U は部分ベクトル空間ではない．ここで，記号 $\notin U$ は集合 U に属さないことを意味する． ■

定理 6.1. 集合 V が性質 (1) と性質 (2) をみたすことと，次の性質 (3) をみたすことは同値である．すなわち，性質 (1) と性質 (2) をみたせば性質 (3) をみたし，逆に，性質 (3) をみたせば，性質 (1) と性質 (2) をみたす．

性質 (3)　$\boldsymbol{a} \in V$, $\boldsymbol{b} \in V$ で，c と d を実数とすれば，$c\boldsymbol{a}+d\boldsymbol{b} \in V$ がなりたつ．

【解答】 集合 V は性質 (1) と性質 (2) をみたすものとする．

$\boldsymbol{a} \in V$, $\boldsymbol{b} \in V$ で，c と d を実数とする．性質 (2) より，$c\boldsymbol{a} \in V$, $d\boldsymbol{b} \in V$ がなりたつ．さらに，性質 (1) より，$c\boldsymbol{a}+d\boldsymbol{b} \in V$ がなりたつので，V は性質 (3)

をみたす．

逆に，V は性質 (3) をみたすものとする．$\boldsymbol{a} \in V$, $\boldsymbol{b} \in V$ とすると，性質 (3) より，$\boldsymbol{a}+\boldsymbol{b} = 1 \times \boldsymbol{a} + 1 \times \boldsymbol{b} \in V$ がなりたつので，性質 (1) をみたす．

$\boldsymbol{a} \in V$ とし，c を実数とすると，性質 (3) より，$c\boldsymbol{a} = c\boldsymbol{a} + 0 \times \boldsymbol{a} \in V$ がなりたつので，性質 (2) をみたす．■

定理 6.1 より，ベクトルの集合 V が部分ベクトル空間であることを判定するには，性質 (3) をみたすことを確かめればよい．

部分ベクトル空間 V には零ベクトル $\mathbf{0}$ が属している．なぜなら，$\boldsymbol{a}$ を V に属するベクトルとすれば，性質 (2) より，$\mathbf{0} = 0 \times \boldsymbol{a} \in V$ だからである．したがって，ベクトルの集合 V に零ベクトル $\mathbf{0}$ が属していないならば，V は部分ベクトル空間ではない．

例題 6.3. n 次元零ベクトルだけの集合 $V = \{\, \mathbf{0} \,\}$ は部分ベクトル空間であることを示せ．

【解答】 $\boldsymbol{a} \in V$, $\boldsymbol{b} \in V$ とすれば，$\boldsymbol{a} = \mathbf{0}$, $\boldsymbol{b} = \mathbf{0}$ だから，c, d を実数とするとき，$c\boldsymbol{a} + d\boldsymbol{b} = \mathbf{0} + \mathbf{0} = \mathbf{0}$ だから，$c\boldsymbol{a} + d\boldsymbol{b} \in V$ がなりたつ．したがって，定理 6.1 より，$V = \{\, \mathbf{0} \,\}$ は部分ベクトル空間である．■

k 個の n 次元数ベクトル $\boldsymbol{a}_1$, $\boldsymbol{a}_2$, $\cdots$, $\boldsymbol{a}_k$ の 1 次結合の全体がつくるベクトルの集合を記号

$$\mathrm{L}(\boldsymbol{a}_1,\ \boldsymbol{a}_2,\ \cdots,\ \boldsymbol{a}_k)$$

で表す．

$\boldsymbol{b} \in \mathrm{L}(\boldsymbol{a}_1, \boldsymbol{a}_2, \cdots, \boldsymbol{a}_k)$ は，$\boldsymbol{b}$ が $\mathrm{L}(\boldsymbol{a}_1, \boldsymbol{a}_2, \cdots, \boldsymbol{a}_k)$ に属するベクトルであるので，$\boldsymbol{b} = b_1\boldsymbol{a}_1 + b_2\boldsymbol{a}_2 + \cdots + b_k\boldsymbol{a}_k$ と，1 次結合で表せることを意味する．

定理 6.2. $\mathrm{L}(\boldsymbol{a}_1, \boldsymbol{a}_2, \cdots, \boldsymbol{a}_k)$ は部分ベクトル空間である．

証明. $\boldsymbol{a} \in \mathrm{L}(\boldsymbol{a}_1, \boldsymbol{a}_2, \cdots, \boldsymbol{a}_k)$，かつ，$\boldsymbol{b} \in \mathrm{L}(\boldsymbol{a}_1, \boldsymbol{a}_2, \cdots, \boldsymbol{a}_k)$ とすると，

$$\boldsymbol{a} = a_1\boldsymbol{a}_1 + a_2\boldsymbol{a}_2 + \cdots + a_k\boldsymbol{a}_k, \quad \boldsymbol{b} = b_1\boldsymbol{a}_1 + b_2\boldsymbol{a}_2 + \cdots + b_k\boldsymbol{a}_k$$

と表せる．c と d を実数とすれば，

$$\begin{aligned}
&c\boldsymbol{a}+d\boldsymbol{b}\\
&\quad= c(a_1\boldsymbol{a}_1+a_2\boldsymbol{a}_2+\cdots+a_k\boldsymbol{a}_k)+d(b_1\boldsymbol{a}_1+b_2\boldsymbol{a}_2+\cdots+b_k\boldsymbol{a}_k)\\
&\quad= (ca_1+db_1)\boldsymbol{a}_1+(ca_2+db_2)\boldsymbol{a}_2+\cdots+(ca_k+db_k)\boldsymbol{a}_k
\end{aligned}$$

となり，$c\boldsymbol{a}+d\boldsymbol{b}$ は，$\boldsymbol{a}_1$，$\boldsymbol{a}_2$，$\cdots$，$\boldsymbol{a}_k$ の 1 次結合となる．よって，

$$c\boldsymbol{a}+d\boldsymbol{b}\in \mathrm{L}(\boldsymbol{a}_1,\ \boldsymbol{a}_2,\ \cdots,\ \boldsymbol{a}_k)$$

となり，(3) をみたすから，$\mathrm{L}(\boldsymbol{a}_1,\ \boldsymbol{a}_2,\ \cdots,\ \boldsymbol{a}_k)$ は部分ベクトル空間である．

（証明終）

$\mathrm{L}(\boldsymbol{a}_1,\ \boldsymbol{a}_2,\ \cdots,\ \boldsymbol{a}_k)$ は部分ベクトル空間だから，これを $\boldsymbol{a}_1$，$\boldsymbol{a}_2$，$\cdots$，$\boldsymbol{a}_k$ が**張る部分ベクトル空間**と呼ぶ．

張る部分ベクトル空間は，それを張るベクトルを増やせば一般に部分ベクトル空間として大きくなり，それを張るベクトルを減らせば一般には部分ベクトル空間として小さくなる．しかし，増やしても大きくならなかったり，減らしても小さくならないことがある．

定理 6.3. k 個のベクトル $\boldsymbol{a}_1$，$\boldsymbol{a}_2$，$\cdots$，$\boldsymbol{a}_{k-1}$，$\boldsymbol{a}_k$ について，
$\boldsymbol{a}_k\in \mathrm{L}(\boldsymbol{a}_1,\ \boldsymbol{a}_2,\ \cdots,\ \boldsymbol{a}_{k-1})$ がなりたつための必要十分条件は，

$$\mathrm{L}(\boldsymbol{a}_1,\ \boldsymbol{a}_2,\ \cdots,\ \boldsymbol{a}_{k-1},\ \boldsymbol{a}_k)=\mathrm{L}(\boldsymbol{a}_1,\ \boldsymbol{a}_2,\ \cdots,\ \boldsymbol{a}_{k-1})$$

がなりたつことである．

定理 6.3 は，1 次結合で表せないベクトルを加えると，張られるベクトル空間は真に大きくなることを示している．

また，定理 6.3 は，$\boldsymbol{a}_1$，$\boldsymbol{a}_2$，$\cdots$，$\boldsymbol{a}_k$ のなかのベクトルで，他の $k-1$ 個のベクトルの 1 次結合となるものがあれば，そのベクトルを取り除いても張られるベクトル空間は変わらないことを示している．

証明. $k=3$ の場合を証明する．一般の自然数 k の場合の証明も同じであるが，それは電子ファイルにおいて示す．

必要性の証明:　$\boldsymbol{a}_3 \in \mathrm{L}(\boldsymbol{a}_1,\ \boldsymbol{a}_2)$ とすると，$\boldsymbol{a}_3 = c_1\boldsymbol{a}_1 + c_2\boldsymbol{a}_2$ と表せる．

$\boldsymbol{x} \in \mathrm{L}(\boldsymbol{a}_1, \boldsymbol{a}_2, \boldsymbol{a}_3)$ とすれば，

$$\boldsymbol{x} = x_1\boldsymbol{a}_1 + x_2\boldsymbol{a}_2 + x_3\boldsymbol{a}_3$$

と表せるから，

$$\boldsymbol{x} = x_1\boldsymbol{a}_1 + x_2\boldsymbol{a}_2 + x_3(c_1\boldsymbol{a}_1 + c_2\boldsymbol{a}_2) = (x_1 + x_3c_1)\boldsymbol{a}_1 + (x_2 + x_3c_2)\boldsymbol{a}_2$$

となる．すなわち，

$$\boldsymbol{x} \in \mathrm{L}(\boldsymbol{a}_1,\ \boldsymbol{a}_2)$$

がなりたつ．つまり，$\mathrm{L}(\boldsymbol{a}_1, \boldsymbol{a}_2, \boldsymbol{a}_3)$ に属するベクトルが $\mathrm{L}(\boldsymbol{a}_1, \boldsymbol{a}_2)$ に属する．

逆に，$\mathrm{L}(\boldsymbol{a}_1, \boldsymbol{a}_2)$ に属するベクトルは $\mathrm{L}(\boldsymbol{a}_1, \boldsymbol{a}_2, \boldsymbol{a}_3)$ に属することは明らかだから，

$$\mathrm{L}(\boldsymbol{a}_1, \boldsymbol{a}_2, \boldsymbol{a}_3) = \mathrm{L}(\boldsymbol{a}_1, \boldsymbol{a}_2)$$

がなりたつ．

十分性の証明:　$\mathrm{L}(\boldsymbol{a}_1, \boldsymbol{a}_2, \boldsymbol{a}_3) = \mathrm{L}(\boldsymbol{a}_1, \boldsymbol{a}_2)$ がなりたつとき，$\boldsymbol{a}_3 \in \mathrm{L}(\boldsymbol{a}_1, \boldsymbol{a}_2, \boldsymbol{a}_3)$ だから，$\boldsymbol{a}_3 \in \mathrm{L}(\boldsymbol{a}_1, \boldsymbol{a}_2)$ がなりたつ．　(証明終)

問題 6.1. 3 次元数ベクトルの集合 $V = \left\{ \boldsymbol{x} = \begin{pmatrix} x_1 \\ x_2 \\ x_3 \end{pmatrix} \;\middle|\; x_1 = 2x_2 + 3x_3 \right\}$ は部分ベクトル空間であることを示せ．

問題 6.2. 2 次元数ベクトルの集合 $U = \left\{ \boldsymbol{x} = \begin{pmatrix} x_1 \\ x_2 \end{pmatrix} \;\middle|\; x_1 \geqq 0, x_2 \geqq 0 \right\}$ は部分ベクトル空間でないことを示せ．

6.2 部分ベクトル空間の次元

部分ベクトル空間 V について，k 個のベクトルからなる 1 次独立系は存在するが，$k+1$ 個のベクトルからなる 1 次独立系は存在しないとき，V は**k 次元**であるといい，このことを記号 $\dim V = k$ で表す.（dim は dimension の略）．つまり，V のベクトルからなる 1 次独立系のベクトルの個数の最大値が V の次元である.

次元の定義より，次がなりたつ.

定理 6.4. $\boldsymbol{a}_1,\ \boldsymbol{a}_2,\ \cdots,\ \boldsymbol{a}_k$ が 1 次独立系であるとき，

$$\dim \mathrm{L}(\boldsymbol{a}_1,\ \boldsymbol{a}_2,\ \cdots,\ \boldsymbol{a}_k) = k$$

である.

証明. 簡単のために $k=2$ の場合を証明する．$k \geqq 3$ のときも同じ論法で証明できるが，その証明は電子ファイルにおいて示す.

$\boldsymbol{b}_1,\ \boldsymbol{b}_2,\ \boldsymbol{b}_3$ を $\mathrm{L}(\boldsymbol{a}_1,\ \boldsymbol{a}_2)$ に属する 3 個のベクトルとすると，

$$\boldsymbol{b}_1 = c_{11}\boldsymbol{a}_1 + c_{12}\boldsymbol{a}_2$$
$$\boldsymbol{b}_2 = c_{21}\boldsymbol{a}_1 + c_{22}\boldsymbol{a}_2$$
$$\boldsymbol{b}_3 = c_{31}\boldsymbol{a}_1 + c_{32}\boldsymbol{a}_2$$

をみたす 6 個の実数 $c_{11}, c_{12}, c_{21}, c_{22}, c_{31}, c_{32}$ が存在する.

未知数が x_1, x_2, x_3 の 3 個で，等式が 2 個の斉次型連立 1 次方程式

$$\begin{cases} c_{11}x_1 + c_{21}x_2 + c_{31}x_3 = 0 \\ c_{12}x_1 + c_{22}x_2 + c_{32}x_3 = 0 \end{cases}$$

は未知数の個数よりも等式の個数が少ないので自明な解のほかに解をもつ（定理 4.1）.

$x_1 = d_1, x_2 = d_2, x_3 = d_3$ を自明な解と異なる解とすると，

$d_1\boldsymbol{b}_1 + d_2\boldsymbol{b}_2 + d_3\boldsymbol{b}_3$

$$= d_1(c_{11}\boldsymbol{a}_1 + c_{12}\boldsymbol{a}_2) + d_2(c_{21}\boldsymbol{a}_1 + c_{22}\boldsymbol{a}_2) + d_3(c_{31}\boldsymbol{a}_1 + c_{32}\boldsymbol{a}_2)$$
$$= (c_{11}d_1 + c_{21}d_2 + c_{31}d_3)\boldsymbol{a}_1 + (c_{12}d_1 + c_{22}d_2 + c_{32}d_3)\boldsymbol{a}_2$$
$$= 0 \times \boldsymbol{a}_1 + 0 \times \boldsymbol{a}_2 = \boldsymbol{0}$$

したがって，定理 5.1 より，$\boldsymbol{b}_1$，$\boldsymbol{b}_2$，$\boldsymbol{b}_3$ は 1 次従属系である．つまり，$\mathrm{L}(\boldsymbol{a}_1,\ \boldsymbol{a}_2)$ には，3 個のベクトルからなる 1 次独立系は存在しない．

$\boldsymbol{a}_1$，$\boldsymbol{a}_2$ は 2 個のベクトルからなる 1 次独立系だから，$\dim \mathrm{L}(\boldsymbol{a}_1,\ \boldsymbol{a}_2) = 2$ である．

（証明終）

n 次元数ベクトルの全体を記号 R^n で表す．

例題 6.4. $\dim \mathrm{R}^n = n$ であることを示せ．

【解答】 一般の n の場合も証明は同様であるので，$n = 3$ の場合を示す．

$$\boldsymbol{e}_1 = \begin{pmatrix} 1 \\ 0 \\ 0 \end{pmatrix}, \quad \boldsymbol{e}_2 = \begin{pmatrix} 0 \\ 1 \\ 0 \end{pmatrix}, \quad \boldsymbol{e}_3 = \begin{pmatrix} 0 \\ 0 \\ 1 \end{pmatrix}$$

と置くと，R^3 のベクトルは

$$\begin{pmatrix} x_1 \\ x_2 \\ x_3 \end{pmatrix} = x_1 \begin{pmatrix} 1 \\ 0 \\ 0 \end{pmatrix} + x_2 \begin{pmatrix} 0 \\ 1 \\ 0 \end{pmatrix} + x_3 \begin{pmatrix} 0 \\ 0 \\ 1 \end{pmatrix} = x_1\boldsymbol{e}_1 + x_2\boldsymbol{e}_2 + x_3\boldsymbol{e}_3$$

と $\boldsymbol{e}_1$，$\boldsymbol{e}_2$，$\boldsymbol{e}_3$ の 1 次結合だから，

$$\mathrm{R}^3 = \mathrm{L}(\boldsymbol{e}_1,\ \boldsymbol{e}_2,\ \boldsymbol{e}_3)$$

がなりたつ．ベクトルについての方程式 $x_1\boldsymbol{e}_1 + x_2\boldsymbol{e}_2 + x_3\boldsymbol{e}_3 = \boldsymbol{0}$ は，

$$x_1 \begin{pmatrix} 1 \\ 0 \\ 0 \end{pmatrix} + x_2 \begin{pmatrix} 0 \\ 1 \\ 0 \end{pmatrix} + x_3 \begin{pmatrix} 0 \\ 0 \\ 1 \end{pmatrix} = \begin{pmatrix} 0 \\ 0 \\ 0 \end{pmatrix}, \qquad \begin{pmatrix} x_1 \\ x_2 \\ x_3 \end{pmatrix} = \begin{pmatrix} 0 \\ 0 \\ 0 \end{pmatrix}$$

だから，自明な解のみを持つ．したがって，$\boldsymbol{e}_1$，$\boldsymbol{e}_2$，$\boldsymbol{e}_3$ は 1 次独立系である．定理 6.4 より，$\dim \mathrm{R}^3 = 3$ となる．

一般の n の場合の証明は $n=3$ のときと同様であるが，それは電子ファイルで示す． ■

例題 6.5. R^3 の 4 つのベクトル

$$\boldsymbol{a}_1 = \begin{pmatrix} 2 \\ 1 \\ -1 \end{pmatrix},\ \boldsymbol{a}_2 = \begin{pmatrix} 1 \\ 2 \\ -1 \end{pmatrix},\ \boldsymbol{a}_3 = \begin{pmatrix} -3 \\ 2 \\ 2 \end{pmatrix},\ \boldsymbol{a}_4 = \begin{pmatrix} 1 \\ 3 \\ 2 \end{pmatrix}$$

が張る部分ベクトル空間 $\mathrm{L}(\boldsymbol{a}_1, \boldsymbol{a}_2, \boldsymbol{a}_3, \boldsymbol{a}_4)$ の次元を求めよ．

【解答】 方程式

$$x_1\boldsymbol{a}_1 + x_2\boldsymbol{a}_2 + x_3\boldsymbol{a}_3 + x_4\boldsymbol{a}_4 = \boldsymbol{0}$$

を考える．この方程式の係数行列は

$$\begin{pmatrix} 2 & 1 & -3 & 1 & 0 \\ 1 & 2 & 2 & 3 & 0 \\ -1 & -1 & 2 & 2 & 0 \end{pmatrix}$$

$(2,1)$ 成分で列掃き出しを行う．

$$\begin{pmatrix} 0 & -3 & -7 & -5 & 0 \\ 1 & 2 & 2 & 3 & 0 \\ 0 & 1 & 4 & 5 & 0 \end{pmatrix}$$

$(3,2)$ 成分で列掃き出しを行う．

$$\begin{pmatrix} 0 & 0 & 5 & 10 & 0 \\ 1 & 0 & -6 & -7 & 0 \\ 0 & 1 & 4 & 5 & 0 \end{pmatrix}$$

第 1 行に $\frac{1}{5}$ をかける．

$$\begin{pmatrix} 0 & 0 & 1 & 2 & 0 \\ 1 & 0 & -6 & -7 & 0 \\ 0 & 1 & 4 & 5 & 0 \end{pmatrix}$$

$(1,3)$ 成分で列掃き出しを行う.

$$\begin{pmatrix} 0 & 0 & 1 & 2 & 0 \\ 1 & 0 & 0 & 5 & 0 \\ 0 & 1 & 0 & -3 & 0 \end{pmatrix}$$

したがって，$x_4 = c$ と置いた解 $x_1 = -5c$, $x_2 = 3c$, $x_3 = -2c$, $x_4 = c$ を得る．つまり，$-5c\boldsymbol{a}_1 + 3c\boldsymbol{a}_2 - 2c\boldsymbol{a}_3 + c\boldsymbol{a}_4 = \boldsymbol{0}$ がなりたつ．$c = 1$ のとき，$\boldsymbol{a}_4 = 5\boldsymbol{a}_1 - 3\boldsymbol{a}_2 + 2\boldsymbol{a}_3$ がなりたつから，定理 6.3 より，

$$\mathrm{L}(\boldsymbol{a}_1, \boldsymbol{a}_2, \boldsymbol{a}_3, \boldsymbol{a}_4) = \mathrm{L}(\boldsymbol{a}_1, \boldsymbol{a}_2, \boldsymbol{a}_3)$$

となる．最初の方程式から $\boldsymbol{a}_4$ を取り去った方程式

$$x_1\boldsymbol{a}_1 + x_2\boldsymbol{a}_2 + x_3\boldsymbol{a}_3 = \boldsymbol{0}$$

を考える．この方程式の係数行列は

$$\begin{pmatrix} 2 & 1 & -3 & 0 \\ 1 & 2 & 2 & 0 \\ -1 & -1 & 2 & 0 \end{pmatrix}$$

となる．$(2,1)$ 成分で列掃き出しを行う.

$$\begin{pmatrix} 0 & -3 & -7 & 0 \\ 1 & 2 & 2 & 0 \\ 0 & 1 & 4 & 0 \end{pmatrix}$$

$(3,2)$ 成分で列掃き出しを行う.

$$\begin{pmatrix} 0 & 0 & 5 & 0 \\ 1 & 0 & -6 & 0 \\ 0 & 1 & 4 & 0 \end{pmatrix}$$

第 1 行に $\frac{1}{5}$ をかける.

$$\begin{pmatrix} 0 & 0 & 1 & 0 \\ 1 & 0 & -6 & 0 \\ 0 & 1 & 4 & 0 \end{pmatrix}$$

$(1,3)$ 成分で列掃き出しを行う.

$$\begin{pmatrix} 0 & 0 & 1 & 0 \\ 1 & 0 & 0 & 0 \\ 0 & 1 & 0 & 0 \end{pmatrix}$$

したがって，$x_1 = 0,\ x_2 = 0,\ x_3 = 0$ が解である．つまり，$\boldsymbol{a}_1, \boldsymbol{a}_2, \boldsymbol{a}_3$ は 1 次独立である．定理 6.3 より，

$$\dim \mathrm{L}(\boldsymbol{a}_1, \boldsymbol{a}_2, \boldsymbol{a}_3, \boldsymbol{a}_4) = \dim \mathrm{L}(\boldsymbol{a}_1, \boldsymbol{a}_2, \boldsymbol{a}_3) = 3$$

となる. ■

例題 6.5 で見たように，張る部分ベクトル空間 $V = \mathrm{L}(\boldsymbol{a}_1,\ \boldsymbol{a}_2,\ \cdots,\ \boldsymbol{a}_k)$ の次元は次のように求めればよい.

$\boldsymbol{a}_1,\ \boldsymbol{a}_2,\ \cdots,\ \boldsymbol{a}_k$ の中で他のベクトルの 1 次結合になるベクトルがあれば，それを取り除いても定理 6.3 より V は変わらない．残ったベクトルの中で他のベクトルの 1 次結合になるベクトルがあれば，さらにそのベクトルを取り除いても定理 6.3 より V は変わらない．これを続けていって，残ったベクトルの中に，他のベクトルの 1 次結合になるベクトルが無くなれば，残ったベクトルは 1 次独立系であり，定理 6.4 より，その個数が次元である.

問題 6.3. R^3 の 4 つのベクトル

$$\boldsymbol{a}_1 = \begin{pmatrix} 1 \\ 0 \\ 1 \end{pmatrix},\ \boldsymbol{a}_2 = \begin{pmatrix} 1 \\ 1 \\ 2 \end{pmatrix},\ \boldsymbol{a}_3 = \begin{pmatrix} 3 \\ 2 \\ 5 \end{pmatrix},\ \boldsymbol{a}_4 = \begin{pmatrix} -1 \\ 1 \\ 0 \end{pmatrix}$$

が張る部分ベクトル空間 $\mathrm{L}(\boldsymbol{a}_1, \boldsymbol{a}_2, \boldsymbol{a}_3, \boldsymbol{a}_4)$ の次元を求めよ.

次の定理より，部分ベクトル空間は張られる部分ベクトル空間であることがわかる.

定理 6.5. 部分ベクトル空間 V の次元が k であり，$\boldsymbol{a}_1,\ \boldsymbol{a}_2,\ \cdots,\ \boldsymbol{a}_k$ が V に属する 1 次独立系であれば，

$$V = \mathrm{L}(\boldsymbol{a}_1,\ \boldsymbol{a}_2,\ \cdots,\ \boldsymbol{a}_k)$$

がなりたつ.

証明. $\boldsymbol{x}$ を V に属するベクトルとする．条件 $\dim V = k$ より，$k+1$ 個のベクトル $\boldsymbol{a}_1,\ \boldsymbol{a}_2,\ \cdots,\ \boldsymbol{a}_k, \boldsymbol{x}$ は1次従属系である．したがって，定理5.2より，$\boldsymbol{x}$ は $\boldsymbol{a}_1,\ \boldsymbol{a}_2,\ \cdots,\ \boldsymbol{a}_k$ の1次結合として表せる．すなわち，$\boldsymbol{x} \in \mathrm{L}(\boldsymbol{a}_1,\ \boldsymbol{a}_2,\ \cdots,\ \boldsymbol{a}_k)$ である．

$\boldsymbol{a}_1,\ \boldsymbol{a}_2,\ \cdots,\ \boldsymbol{a}_k$ はすべて V のベクトルであり，それらの1次結合である $\mathrm{L}(\boldsymbol{a}_1,\ \boldsymbol{a}_2,\ \cdots,\ \boldsymbol{a}_k)$ に属するベクトルは部分ベクトル空間 V に属する．

以上より，

$$V = \mathrm{L}(\boldsymbol{a}_1,\ \boldsymbol{a}_2,\ \cdots,\ \boldsymbol{a}_k)$$

がなりたつ．つまり，左辺の集合に属するベクトルは右辺の集合に属し，右辺の集合に属するベクトルは左辺の集合に属する．　（証明終）

部分ベクトル空間 V について，$V = \mathrm{L}(\boldsymbol{a}_1,\ \boldsymbol{a}_2,\ \cdots,\ \boldsymbol{a}_k)$ をみたす1次独立系 $\boldsymbol{a}_1,\ \boldsymbol{a}_2,\ \cdots,\ \boldsymbol{a}_k$ を V の**基底**という．部分ベクトル空間の基底のとりかたはいろいろある．

問題 6.4. 4次元数ベクトルの集合

$$V = \left\{ \quad \boldsymbol{x} = \begin{pmatrix} x_1 \\ x_2 \\ x_3 \\ x_4 \end{pmatrix} \quad \middle| \quad \begin{matrix} x_1 + \ \ x_2 + \ \ x_3 + \ \ x_4 = 0 \\ x_1 + 2x_2 + 3x_3 + 4x_4 = 0 \end{matrix} \quad \right\}$$

は部分ベクトル空間であることを示し，その次元を求めよ．

6.3　部分ベクトル空間の共通部分と和

R^n の2つの部分ベクトル空間 U, V に対して，U と V のどちらにも属するベクトルの全体の集合を記号 $U \cap V$ で表し，U と V の**共通部分**という．

$$U \cap V = \{\ \boldsymbol{x} \mid \boldsymbol{x} \in U,\ \text{かつ},\ \ \boldsymbol{x} \in V\ \}$$

R^n の2つの部分ベクトル空間 U, V に対して，U に属するベクトルと V に属するベクトルの和のベクトルの全体の集合を記号 $U + V$ で表し，U と V の**和**という．

$$U+V=\{\,\boldsymbol{x}+\boldsymbol{y}\mid \boldsymbol{x}\in U,\ \boldsymbol{y}\in V\,\}$$

定理 6.6. R^n の 2 つの部分ベクトル空間 U, V に対して，共通部分 $U\cap V$，および，和 $U+V$ はともに部分ベクトル空間である.

証明. $\boldsymbol{x},\boldsymbol{y}\in U\cap V,\ c,d\in\mathrm{R}$ とすれば，$c\boldsymbol{x}+d\boldsymbol{y}\in U,\ c\boldsymbol{x}+d\boldsymbol{y}\in V$ がなりたつ．よって，$c\boldsymbol{x}+d\boldsymbol{y}\in U\cap V$ がなりたち，$U\cap V$ は部分ベクトル空間である.

$\boldsymbol{x},\boldsymbol{y}\in U+V,\ c,d\in\mathrm{R}$ とすれば，$\boldsymbol{x}=\boldsymbol{u}_1+\boldsymbol{v}_1, \boldsymbol{y}=\boldsymbol{u}_2+\boldsymbol{v}_2$ と表わせるので，$c\boldsymbol{x}+d\boldsymbol{y}=(c\boldsymbol{u}_1+d\boldsymbol{u}_2)+(c\boldsymbol{v}_1+d\boldsymbol{v}_2)$，$c\boldsymbol{u}_1+d\boldsymbol{u}_2\in U,\ c\boldsymbol{v}_1+d\boldsymbol{v}_2\in V$ がなりたつ．よって，$c\boldsymbol{x}+d\boldsymbol{y}\in U+V$ がなりたので，$U+V$ は部分ベクトル空間である. (証明終)

R^n の 2 つの部分ベクトル空間 U, V が**互いに 1 次独立**であるとは

$$\boldsymbol{x}+\boldsymbol{y}=\boldsymbol{0},\ \boldsymbol{x}\in U,\ \boldsymbol{y}\in V \text{ ならば，}\quad \boldsymbol{x}=\boldsymbol{0},\ \boldsymbol{y}=\boldsymbol{0}$$

がなりたつことである.

定理 6.7. R^n の 1 次元以上の 2 つの部分ベクトル空間 U, V が互いに 1 次独立であるための必要十分条件は $U\cap V=\{\boldsymbol{0}\}$ がなりたつことである.

証明. U, V が互いに 1 次独立であるとし，$\boldsymbol{u}\in U\cap V$ とする．$\boldsymbol{u}+(-\boldsymbol{u})=\boldsymbol{0},\ \boldsymbol{u}\in U,\ -\boldsymbol{u}\in V$ であり，U, V が互いに 1 次独立であることから，$\boldsymbol{u}=-\boldsymbol{u}=\boldsymbol{0}$ となり，$U\cap V=\{\boldsymbol{0}\}$ がなりたつ.

逆に，$U\cap V=\{\boldsymbol{0}\}$ として，$\boldsymbol{u}+\boldsymbol{v}=\boldsymbol{0},\ \boldsymbol{u}\in U,\ \boldsymbol{v}\in V$ とする．$\boldsymbol{u}=-\boldsymbol{v}\in U\cap V=\{\boldsymbol{0}\}$ だから，$\boldsymbol{u}=\boldsymbol{v}=\boldsymbol{0}$ となり，U, V は互いに 1 次独立である. (証明終)

U, V が互いに 1 次独立であるとき，$U+V$ を記号 $U\oplus V$ で表し，U と V の**直和**(ちょくわ)という.

直和ベクトル空間 $U\oplus V$ においてはベクトルの和の表し方は一通りである．なぜなら，$\boldsymbol{x}+\boldsymbol{y}=\boldsymbol{x}'+\boldsymbol{y}',\ \boldsymbol{x},\boldsymbol{x}'\in U,\ \boldsymbol{y},\boldsymbol{y}'\in V$ と 2 通りに表されたと

すれば，$\boldsymbol{x}-\boldsymbol{x}'+\boldsymbol{y}-\boldsymbol{y}'=\boldsymbol{0}, \boldsymbol{x}-\boldsymbol{x}' \in U$ $\boldsymbol{y}-\boldsymbol{y}' \in V$ となる．よって，$\boldsymbol{x}-\boldsymbol{x}'=\boldsymbol{y}-\boldsymbol{y}'=\boldsymbol{0}$ となり，$\boldsymbol{x}=\boldsymbol{x}'$, $\boldsymbol{y}=\boldsymbol{y}'$ となるからである．

R^n の r 個の部分ベクトル空間 $V_1, V_2, \cdots, V_r$ に対して，これらに属するベクトルの和の全体の集合を記号 $V_1+V_2+\cdots+V_r$ で表す．

$$V_1+V_2+\cdots+V_r=\{\,\boldsymbol{u}_1+\boldsymbol{u}_2+\cdots+\boldsymbol{u}_r \mid \boldsymbol{v}_k \in V_k,\ k=1,2,\cdots,r\,\}$$

$V_1+V_2+\cdots+V_r$ が部分ベクトル空間になることも定理 6.6 と同様にして示すことができる．

R^n の r 個の部分ベクトル空間 $V_1, V_2, \cdots, V_r$ が**互いに 1 次独立であるとは**，

$$\boldsymbol{u}_1+\boldsymbol{u}_2+\cdots+\boldsymbol{u}_r=\boldsymbol{0}, \quad \boldsymbol{u}_k \in V_k \quad (k=1,2,\cdots,r) \text{ ならば},$$

$$\boldsymbol{u}_1=\boldsymbol{u}_2=\cdots=\boldsymbol{u}_r=\boldsymbol{0}$$

がなりたつことである．

例題 6.6. R^n の零ベクトルではない r 個のベクトル $\boldsymbol{a}_1, \boldsymbol{a}_2, \cdots, \boldsymbol{a}_r$ が 1 次独立系であるための必要十分条件は，r 個の 1 次元ベクトル空間 $\mathrm{L}(\boldsymbol{a}_1), \mathrm{L}(\boldsymbol{a}_2), \cdots, \mathrm{L}(\boldsymbol{a}_r)$ が互いに 1 次独立であることを示せ．

【解答】 $\boldsymbol{a}_1, \boldsymbol{a}_2, \cdots, \boldsymbol{a}_r$ が 1 次独立系であるとし，さらに，$\boldsymbol{u}_1+\boldsymbol{u}_2+\cdots+\boldsymbol{u}_r=\boldsymbol{0}, \boldsymbol{u}_k \in \mathrm{L}(\boldsymbol{a}_k)$, $k=1,2,\cdots,r$ とする．各 $k=1,2,\cdots,r$ について，$\boldsymbol{u}_k=c_k\boldsymbol{a}_k$ と表わせるから，$c_1\boldsymbol{a}_1+c_1\boldsymbol{a}_2+\cdots+c_r\boldsymbol{a}_r=\boldsymbol{0}$ となり，$\boldsymbol{a}_1, \boldsymbol{a}_2, \cdots, \boldsymbol{a}_r$ が 1 次独立系であるから，$c_1=c_2=\cdots=c_r=0$ となり，$\boldsymbol{u}_1=\boldsymbol{u}_2=\cdots=\boldsymbol{u}_r=\boldsymbol{0}$ となる．したがって，$\mathrm{L}(\boldsymbol{a}_1), \mathrm{L}(\boldsymbol{a}_2), \cdots, \mathrm{L}(\boldsymbol{a}_r)$ は互いに 1 次独立である．

逆に，$\mathrm{L}(\boldsymbol{a}_1), \mathrm{L}(\boldsymbol{a}_2), \cdots, \mathrm{L}(\boldsymbol{a}_r)$ が互いに 1 次独立であるとして，ベクトルについての方程式 $x_1\boldsymbol{a}_1+x_2\boldsymbol{a}_2+\cdots+x_r\boldsymbol{a}_r=\boldsymbol{0}$ を考える．各 $k=1,2,\cdots,r$ について，$x_k\boldsymbol{a}_k \in \mathrm{L}(\boldsymbol{a}_k)$ であり，$\mathrm{L}(\boldsymbol{a}_1), \mathrm{L}(\boldsymbol{a}_2), \cdots, \mathrm{L}(\boldsymbol{a}_r)$ が互いに 1 次独立であるから，$x_1\boldsymbol{a}_1=x_2\boldsymbol{a}_2=\cdots=x_r\boldsymbol{a}_r=\boldsymbol{0}$ となる．したがって，$x_1=x_2=\cdots=x_r=0$ となり，$\boldsymbol{a}_1, \boldsymbol{a}_2, \cdots, \boldsymbol{a}_r$ は 1 次独立系である． ■

r 個の部分ベクトル空間 $V_1, V_2, \cdots, V_r$ が互いに 1 次独立であるとき，これらの和のベクトル空間 $V_1+V_2+\cdots+V_r$ を記号 $V_1 \oplus V_2 \oplus \cdots \oplus V_r$，あるい

は，$\displaystyle\sum_{k=1}^{r} \oplus V_k$ で表し，$V_1, V_2, \cdots, V_r$ の**直和**という．

問題 6.5. R^n の 2 つの部分ベクトル空間 U, V について，次の (1), (2) を示せ．

(1) 5 個のベクトル $\boldsymbol{a}_1, \boldsymbol{a}_2, \boldsymbol{b}_1, \boldsymbol{c}_1, \boldsymbol{c}_2$ について，

$$U = \mathrm{L}(\boldsymbol{a}_1, \boldsymbol{a}_2, \boldsymbol{b}_1), \quad V = \mathrm{L}(\boldsymbol{a}_1, \boldsymbol{a}_2, \boldsymbol{c}_1, \boldsymbol{c}_2)$$

がなりたつとき，

$$U + V = \mathrm{L}(\boldsymbol{a}_1, \boldsymbol{a}_2, \boldsymbol{b}_1, \boldsymbol{c}_1, \boldsymbol{c}_2)$$

がなりたつ．

(2) (1) の条件に加えて，$U \cap V = \mathrm{L}(\boldsymbol{a}_1, \boldsymbol{a}_2)$ がなりたち，3 個のベクトル $\boldsymbol{a}_1, \boldsymbol{a}_2, \boldsymbol{b}_1$ が 1 次独立系であり，4 個のベクトル $\boldsymbol{a}_1, \boldsymbol{a}_2, \boldsymbol{c}_1, \boldsymbol{c}_2$ が 1 次独立系であるならば，5 個のベクトル $\boldsymbol{a}_1, \boldsymbol{a}_2, \boldsymbol{b}_1, \boldsymbol{c}_1, \boldsymbol{c}_2$ は 1 次独立系である．

6.4 6章章末問題

問題 6.6. R^n の 2 つの部分ベクトル空間 U, V について，

$$\dim(U + V) + \dim(U \cap V) = \dim(U) + \dim(V)$$

がなりたつことを示せ．

第7章 行列のランクと行列の列ベクトル次元

7.1 行列のランク

行列 A のいくつかの行と列を選んでできる行列式を A の**小行列式**という.

例 7.1. 3×4 行列

$$A = \begin{pmatrix} 1 & 2 & 3 & -1 \\ 2 & -1 & 1 & 3 \\ -2 & 1 & -1 & -3 \end{pmatrix}$$

を考える.

第1列, 第2列, 第3列を選んでできる3次の小行列式の値は

$$\begin{vmatrix} 1 & 2 & 3 \\ 2 & -1 & 1 \\ -2 & 1 & -1 \end{vmatrix} = 1 - 4 + 6 - 1 + 4 - 6 = 0$$

第1列, 第2列, 第4列を選んでできる3次の小行列式の値は

$$\begin{vmatrix} 1 & 2 & -1 \\ 2 & -1 & 3 \\ -2 & 1 & -3 \end{vmatrix} = 3 - 12 - 2 - 3 + 12 + 2 = 0$$

第1列, 第3列, 第4列を選んでできる3次の小行列式の値は

$$\begin{vmatrix} 1 & 3 & -1 \\ 2 & 1 & 3 \\ -2 & -1 & -3 \end{vmatrix} = -3 - 18 + 2 + 3 + 18 - 2 = 0$$

第 2 列，第 3 列，第 4 列を選んでできる 3 次の小行列式の値は

$$\begin{vmatrix} 2 & 3 & -1 \\ -1 & 1 & 3 \\ 1 & -1 & -3 \end{vmatrix} = -6+9-1+6-9+1=0$$

第 1 行，第 2 行，および，第 1 列，第 2 列を選んでできる 2 次の小行列式の値は

$$\begin{vmatrix} 1 & 2 \\ 2 & -1 \end{vmatrix} = -1-4=-5$$

第 1 行，第 2 行，および，第 1 列，第 3 列を選んでできる 2 次の小行列式の値は

$$\begin{vmatrix} 1 & 3 \\ 2 & 1 \end{vmatrix} = 1-6=-5$$

この行列 A の 4 つの 3 次の小行列式の値はすべて 0 であった．しかし，2 次の小行列式では値が 0 でないものがあった．

行列 A の小行列式で値が 0 でないものの最大の次数をこの行列の**ランク**または**階数**と呼び，記号 $\mathrm{rank}(A)$ で表す．例 7.1 の行列 A については，3 次の小行列式の値はすべて 0 であり，値が 0 でない 2 次の小行列式があるので，$\mathrm{rank}(A)=2$ ということになる．

例 7.2. 4×4 行列 $B = \begin{pmatrix} 1 & 2 & 3 & -1 \\ 2 & -1 & 1 & 3 \\ 1 & 1 & 2 & 0 \\ 3 & -2 & 1 & 5 \end{pmatrix}$ を考える．

この行列の 4 次の小行列式は唯一つであるが，その値は 0 になっている．3 次の小行列式は 16 通りあるが，それらの値はすべて 0 になっている．しかし，2 次の小行列式では値が 0 でないものがある．したがって，この行列 B のランクは 2 である．

このように，行列のランクを求めるためには，たくさんな小行列式の値を計

算する必要があり，容易ではないが，比較的簡単に求める方法を後で示す．

例題 7.1. 次の行列のランクを求めよ．

(1)
$$\begin{pmatrix} 1 & 0 & 0 & 2 & 3 \\ 0 & 1 & 0 & -1 & 1 \\ 0 & 0 & 1 & 1 & -2 \\ 0 & 0 & 0 & 0 & 0 \end{pmatrix}$$

(2)
$$\begin{pmatrix} 0 & 0 & 1 & 1 \\ 1 & 0 & 0 & 2 \\ 0 & 0 & 0 & 0 \\ 0 & 1 & 0 & -1 \\ 0 & 0 & 0 & 0 \end{pmatrix}$$

【解答】 (1) 4次の小行列式は5通りあるが，それらすべてが第4行を含むので値は0である．第1行，第2行，第3行と第1列，第2列，第3列を選んでできる小行列式の値は0でないので，この行列のランクは3である．

(2) 4次の小行列式は5通りあるが，それらすべてが第3行あるいは第5行を含むので値は0である．第1行，第2行，第4行と第1列，第2列，第3列を選んでできる3次の小行列式の値は0でないので，この行列のランクは3である．

■

7.2　行列の列ベクトル次元

例 7.3. 3×4 行列 $A = \begin{pmatrix} 1 & 2 & 3 & -1 \\ 2 & -1 & 1 & 3 \\ -2 & 1 & -1 & -3 \end{pmatrix}$ を考える．

この行列の各列からできる3次元数ベクトルを

$$\boldsymbol{a}_1 = \begin{pmatrix} 1 \\ 2 \\ -2 \end{pmatrix}, \boldsymbol{a}_2 = \begin{pmatrix} 2 \\ -1 \\ 1 \end{pmatrix}, \boldsymbol{a}_3 = \begin{pmatrix} 3 \\ 1 \\ -1 \end{pmatrix}, \boldsymbol{a}_4 = \begin{pmatrix} -1 \\ 3 \\ -3 \end{pmatrix}$$

とおくと，行列 A はこれらのベクトルを並べて，

$$A = \begin{pmatrix} \boldsymbol{a}_1 & \boldsymbol{a}_2 & \boldsymbol{a}_3 & \boldsymbol{a}_4 \end{pmatrix}$$

と表すことができる．

これらのベクトルの間には $\boldsymbol{a}_3 = \boldsymbol{a}_1 + \boldsymbol{a}_2$，$\boldsymbol{a}_4 = \boldsymbol{a}_1 - \boldsymbol{a}_2$ の関係があるので，

$$\mathrm{L}(\boldsymbol{a}_1,\ \boldsymbol{a}_2,\ \boldsymbol{a}_3,\ \boldsymbol{a}_4) = \mathrm{L}(\boldsymbol{a}_1,\ \boldsymbol{a}_2)$$

がなりたつ．また，$\boldsymbol{a}_1$，$\boldsymbol{a}_2$ は 1 次独立系である．したがって，

$$\dim \mathrm{L}(\boldsymbol{a}_1,\ \boldsymbol{a}_2,\ \boldsymbol{a}_3,\ \boldsymbol{a}_4) = 2$$

行列の列からできるベクトルが張る部分ベクトル空間の次元をその行列の**列ベクトル次元**と呼ぶことにする．

例 7.3 の行列 A の列ベクトル次元は 2 である．

例題 7.2. 4×4 行列 $B = \begin{pmatrix} 1 & 2 & 3 & 0 \\ 2 & -1 & 1 & 5 \\ 1 & 1 & 2 & 1 \\ 3 & -2 & 1 & 8 \end{pmatrix}$ の列ベクトル次元を求めよ．

【解答】 この行列 B の各列から決まる 4 個の 4 次元数ベクトル

$$\begin{pmatrix} 1 \\ 2 \\ 1 \\ 3 \end{pmatrix},\ \begin{pmatrix} 2 \\ -1 \\ 1 \\ -2 \end{pmatrix},\ \begin{pmatrix} 3 \\ 1 \\ 2 \\ 1 \end{pmatrix},\ \begin{pmatrix} 0 \\ 5 \\ 1 \\ 8 \end{pmatrix}$$

の間には，

$$\begin{pmatrix} 3 \\ 1 \\ 2 \\ 1 \end{pmatrix} = \begin{pmatrix} 1 \\ 2 \\ 1 \\ 3 \end{pmatrix} + \begin{pmatrix} 2 \\ -1 \\ 1 \\ -2 \end{pmatrix}, \qquad \begin{pmatrix} 0 \\ 5 \\ 1 \\ 8 \end{pmatrix} = 2\begin{pmatrix} 1 \\ 2 \\ 1 \\ 3 \end{pmatrix} - \begin{pmatrix} 2 \\ -1 \\ 1 \\ -2 \end{pmatrix}$$

がなりたつので

$$\mathrm{L}(\begin{pmatrix} 1 \\ 2 \\ 1 \\ 3 \end{pmatrix}, \begin{pmatrix} 2 \\ -1 \\ 1 \\ -2 \end{pmatrix}, \begin{pmatrix} 3 \\ 1 \\ 2 \\ 1 \end{pmatrix}, \begin{pmatrix} 0 \\ 5 \\ 1 \\ 8 \end{pmatrix}) = \mathrm{L}(\begin{pmatrix} 1 \\ 2 \\ 1 \\ 3 \end{pmatrix}, \begin{pmatrix} 2 \\ -1 \\ 1 \\ -2 \end{pmatrix})$$

張られる部分ベクトル空間の次元は 2 だから，行列 B の列ベクトル次元は 2 である． ■

このように，行列の列ベクトル次元を求めるためには，列ベクトルの間の関係を調べる必要がある．しかし，それを比較的簡単に求める方法がある．その方法は後で示す．

問題 7.1. 次の行列の列ベクトル次元を求めよ．

(1) $\begin{pmatrix} 1 & 0 & 0 & 2 & 3 \\ 0 & 1 & 0 & -1 & 1 \\ 0 & 0 & 1 & 1 & -2 \\ 0 & 0 & 0 & 0 & 0 \end{pmatrix}$

(2) $\begin{pmatrix} 0 & 0 & 1 & 1 \\ 1 & 0 & 0 & 2 \\ 0 & 0 & 0 & 0 \\ 0 & 1 & 0 & -1 \\ 0 & 0 & 0 & 0 \end{pmatrix}$

7.3　行列のランクと列ベクトル次元

行列のランクと列ベクトル次元が一致することを示すために，準備から始める．

定理 7.1. 行列のある行の定数倍を他の行に加えた行列のランクは，もとの行列のランクと一致する．

証明. (1)　行列 A のある行の定数倍を他の行に加えた行列を A' とするとき，A のすべての r 次の小行列式の値が 0 であれば，A' のすべての r 次の小行列式の値は 0 になる．

このことを簡単のために 4×5 行列で，$r = 3$ の場合を説明する．

$$A = \begin{pmatrix} a_{11} & a_{12} & a_{13} & a_{14} & a_{15} \\ a_{21} & a_{22} & a_{23} & a_{24} & a_{25} \\ a_{31} & a_{32} & a_{33} & a_{34} & a_{35} \\ a_{41} & a_{42} & a_{43} & a_{44} & a_{45} \end{pmatrix}$$

とする．A の第 1 行の k 倍を第 3 行に加えたものを A' とする．

$$A' = \begin{pmatrix} a_{11} & a_{12} & a_{13} & a_{14} & a_{15} \\ a_{21} & a_{22} & a_{23} & a_{24} & a_{25} \\ a_{31}+ka_{11} & a_{32}+ka_{12} & a_{33}+ka_{13} & a_{34}+ka_{14} & a_{35}+ka_{15} \\ a_{41} & a_{42} & a_{43} & a_{44} & a_{45} \end{pmatrix}$$

A のすべての 3 次の小行列式の値が 0 であれば，A' のすべての 3 次の小行列式の値が 0 になることを，変化した第 3 行を含むかどうかで場合分けして示す．

1)　A' の第 1 行，第 3 行および第 2 行を選んでできる 3 次の小行列式，たとえば，

$$\begin{vmatrix} a_{11} & a_{12} & a_{13} \\ a_{21} & a_{22} & a_{23} \\ a_{31}+ka_{11} & a_{32}+ka_{12} & a_{33}+ka_{13} \end{vmatrix}$$
$$= \begin{vmatrix} a_{11} & a_{12} & a_{13} \\ a_{21} & a_{22} & a_{23} \\ a_{31} & a_{32} & a_{33} \end{vmatrix} + k \begin{vmatrix} a_{11} & a_{12} & a_{13} \\ a_{21} & a_{22} & a_{23} \\ a_{11} & a_{12} & a_{13} \end{vmatrix} = 0 + k \times 0 = 0$$

2)　A' の第 3 行および，第 2 行，第 4 行を選んでできる 3 次の小行列式，たとえば，

$$\begin{vmatrix} a_{21} & a_{22} & a_{23} \\ a_{31}+ka_{11} & a_{32}+ka_{12} & a_{33}+ka_{13} \\ a_{41} & a_{42} & a_{43} \end{vmatrix}$$
$$= \begin{vmatrix} a_{21} & a_{22} & a_{23} \\ a_{31} & a_{32} & a_{33} \\ a_{41} & a_{42} & a_{43} \end{vmatrix} + k \begin{vmatrix} a_{21} & a_{22} & a_{23} \\ a_{11} & a_{12} & a_{13} \\ a_{41} & a_{42} & a_{43} \end{vmatrix} = 0 + k \times 0 = 0$$

3)　A' の第 3 行以外の第 1 行，第 2 行，第 4 行を選んでできる小行列式の値

は A の小行列式そのものになるので，値は 0 である．

以上のことは，一般の行列で一般の r について同様に示すことができる．

(2)　行列 A' に同じ操作（ある行の定数倍を他の行に加える操作）によってもとの行列 A をつくることができるので，A' のすべての r 次の小行列式の値が 0 であれば，A のすべての r 次の小行列式の値は 0 になる．

したがって，行列 A の小行列式で値が 0 でないものの最大次数と行列 A' の小行列式で値が 0 でないものの最大次数は一致する．すなわち，行列 A のランクと行列 A' のランクは一致する．（証明終）

定理 7.2. 行列のある行の定数倍を他の行に加えた行列の列ベクトル次元は，もとの行列の列ベクトル次元と一致する．

証明. 簡単のために，4×5 行列の場合を説明する．

$$A = \begin{pmatrix} a_{11} & a_{12} & a_{13} & a_{14} & a_{15} \\ a_{21} & a_{22} & a_{23} & a_{24} & a_{25} \\ a_{31} & a_{32} & a_{33} & a_{34} & a_{35} \\ a_{41} & a_{42} & a_{43} & a_{44} & a_{45} \end{pmatrix}$$

$$A' = \begin{pmatrix} a_{11} & a_{12} & a_{13} & a_{14} & a_{15} \\ a_{21} & a_{22} & a_{23} & a_{24} & a_{25} \\ a_{31} + ka_{11} & a_{32} + ka_{12} & a_{33} + ka_{13} & a_{34} + ka_{14} & a_{35} + ka_{15} \\ a_{41} & a_{42} & a_{43} & a_{44} & a_{45} \end{pmatrix}$$

すなわち，A の第 1 行の k 倍を第 3 行に加えたものを A' とする．

行列 A の列ベクトルが 1 次独立であるかどうかを調べるための方程式

$$x_1 \begin{pmatrix} a_{11} \\ a_{21} \\ a_{31} \\ a_{41} \end{pmatrix} + x_2 \begin{pmatrix} a_{12} \\ a_{22} \\ a_{32} \\ a_{42} \end{pmatrix} + x_3 \begin{pmatrix} a_{13} \\ a_{23} \\ a_{33} \\ a_{43} \end{pmatrix} + x_4 \begin{pmatrix} a_{14} \\ a_{24} \\ a_{34} \\ a_{44} \end{pmatrix} + x_5 \begin{pmatrix} a_{15} \\ a_{25} \\ a_{35} \\ a_{45} \end{pmatrix} = \begin{pmatrix} 0 \\ 0 \\ 0 \\ 0 \end{pmatrix}$$

は，行列 A' の列ベクトルが 1 次独立であるかどうかを調べるための方程式

$$x_1\begin{pmatrix} a_{11} \\ a_{21} \\ a_{31}+ka_{11} \\ a_{41} \end{pmatrix} + x_2\begin{pmatrix} a_{12} \\ a_{22} \\ a_{32}+ka_{12} \\ a_{42} \end{pmatrix} + x_3\begin{pmatrix} a_{13} \\ a_{23} \\ a_{33}+ka_{13} \\ a_{43} \end{pmatrix}$$

$$+ x_4\begin{pmatrix} a_{14} \\ a_{24} \\ a_{34}+ka_{14} \\ a_{44} \end{pmatrix} + x_5\begin{pmatrix} a_{15} \\ a_{25} \\ a_{35}+ka_{15} \\ a_{45} \end{pmatrix} = \begin{pmatrix} 0 \\ 0 \\ 0 \\ 0 \end{pmatrix}$$

と同値である（お互いに一方から他方を導くことができる）ので，一方が自明な解のみを持てば，他方も自明な解のみを持つことになる．したがって，一方が 1 次独立系ならば他方も 1 次独立系になる．このことは列ベクトルの一部についても同じである．ゆえに，2 つの行列の列ベクトルが張るベクトル空間の次元は一致する．すなわち，2 つの行列の列ベクトル次元は一致する．（証明終）

定理 7.1 と定理 7.2 を用いて，行列に，ある行の定数倍を他の行に加える操作を続けること（連立 1 次方程式で行った列掃き出しと同じ操作である．ただし，連立 1 次方程式のときにあった右端の定数項列は無い）によって，ランクと列ベクトル次元を求めることができる．

例題 7.3. 次の行列 A のランクと列ベクトル次元を列掃き出しによって求めよ．

$$A = \begin{pmatrix} 1 & 2 & 3 & -1 \\ 2 & -1 & 1 & 3 \\ -2 & 1 & -1 & -3 \end{pmatrix}$$

【解答】 $(1,1)$ 成分で列掃き出しを行う．つまり，第 1 行の -2 倍を第 2 行に加え，第 1 行の 2 倍を第 3 行に加えると，

$$\begin{pmatrix} 1 & 2 & 3 & -1 \\ 0 & -5 & -5 & 5 \\ 0 & 5 & 5 & -5 \end{pmatrix}$$

$(3,2)$ 成分で列掃き出しを行う．つまり，第 3 行の $-\frac{2}{5}$ 倍を第 1 行に加え，第

3 行を第 2 行に加える．

$$\begin{pmatrix} 1 & 0 & 1 & 1 \\ 0 & 0 & 0 & 0 \\ 0 & 5 & 5 & -5 \end{pmatrix}$$

最後の行列のランクは 2 であり，列ベクトル次元も 2 だから，定理 7.1 と定理 7.2 より A のランクと列ベクトル次元はともに 2 である． ■

例題 7.4. 次の行列 B のランクと列ベクトル次元を列掃き出しによって求めよ．

$$B = \begin{pmatrix} 1 & 2 & 3 & -1 \\ 2 & -1 & 1 & 3 \\ 1 & 1 & 2 & 0 \\ 3 & -2 & 1 & 5 \end{pmatrix}$$

【解答】 $(1,1)$ 成分で列掃き出しを行う．つまり，第 1 行の -2 倍を第 2 行に加え，第 1 行の -1 倍を第 3 行に加え，第 1 行の -3 倍を第 3 行に加えると，

$$\begin{pmatrix} 1 & 2 & 3 & -1 \\ 0 & -5 & -5 & 5 \\ 0 & -1 & -1 & 1 \\ 0 & -8 & -8 & 8 \end{pmatrix}$$

$(2,2)$ 成分で列掃き出しを行う．つまり，第 2 行の $\frac{2}{5}$ 倍を第 1 行に加え，第 2 行の $-\frac{1}{5}$ 倍を第 3 行に加え，第 2 行の $-\frac{8}{5}$ 倍を第 3 行に加える．

$$\begin{pmatrix} 1 & 0 & 1 & 1 \\ 0 & -5 & -5 & 5 \\ 0 & 0 & 0 & 0 \\ 0 & 0 & 0 & 0 \end{pmatrix}$$

最後の行列のランクは 2 であり，列ベクトル次元も 2 である．したがって，定理 7.1 と定理 7.2 より，行列 B のランクと列ベクトル次元はともに 2 である． ■

前の例題でみたように，列掃き出しが終了したときの行列の形を見れば，そのランクと列ベクトル次元はともに列掃き出しの注目成分の個数であるので，

次の定理がなりたつ.

定理 7.3. 行列のランクと列ベクトル次元は一致する.

定理 7.3 の詳しい証明は電子ファイルで示す.

定理 7.3 の証明において用いたが，ランクを求めるのに列掃き出しだけでなく行掃き出しを行ってよい．小行列式の値は転置した小行列式の値と一致するからでもある.

例題 7.5. 行列

$$\begin{pmatrix} 1 & 3 & -1 & 2 & 1 \\ 2 & 2 & 0 & 1 & -3 \\ -1 & 1 & 3 & -2 & 3 \\ 2 & -4 & -3 & 1 & -3 \\ -1 & 1 & -1 & 1 & -2 \end{pmatrix}$$

のランクを求めよ.

【解答】 $(1,1)$ 成分で列掃き出しを行う.

$$\begin{pmatrix} 1 & 3 & -1 & 2 & 1 \\ 0 & -4 & 2 & -3 & -5 \\ 0 & 4 & 2 & 0 & 4 \\ 0 & -10 & -1 & -3 & -5 \\ 0 & 4 & -2 & 3 & -1 \end{pmatrix}$$

$(1,1)$ 成分で行掃き出しを行う.

$$\begin{pmatrix} 1 & 0 & 0 & 0 & 0 \\ 0 & -4 & 2 & -3 & -5 \\ 0 & 4 & 2 & 0 & 4 \\ 0 & -10 & -1 & -3 & -5 \\ 0 & 4 & -2 & 3 & -1 \end{pmatrix}$$

第 3 行に $\frac{1}{2}$ をかける．

$$\begin{pmatrix} 1 & 0 & 0 & 0 & 0 \\ 0 & -4 & 2 & -3 & -5 \\ 0 & 2 & 1 & 0 & 2 \\ 0 & -10 & -1 & -3 & -5 \\ 0 & 4 & -2 & 3 & -1 \end{pmatrix}$$

$(3,3)$ 成分で列掃き出しを行う．

$$\begin{pmatrix} 1 & 0 & 0 & 0 & 0 \\ 0 & -8 & 0 & -3 & -9 \\ 0 & 2 & 1 & 0 & 2 \\ 0 & -8 & 0 & -3 & -3 \\ 0 & 8 & 0 & 3 & 3 \end{pmatrix}$$

$(3,3)$ 成分で行掃き出しを行う．

$$\begin{pmatrix} 1 & 0 & 0 & 0 & 0 \\ 0 & -8 & 0 & -3 & -9 \\ 0 & 0 & 1 & 0 & 0 \\ 0 & -8 & 0 & -3 & -3 \\ 0 & 8 & 0 & 3 & 3 \end{pmatrix}$$

第 4 行に第 5 行を加える．第 2 行に第 5 行を加える．

$$\begin{pmatrix} 1 & 0 & 0 & 0 & 0 \\ 0 & 0 & 0 & 0 & -6 \\ 0 & 0 & 1 & 0 & 0 \\ 0 & 0 & 0 & 0 & 0 \\ 0 & 8 & 0 & 3 & 3 \end{pmatrix}$$

第 2 行に $-\frac{1}{6}$ をかける．

$$\begin{pmatrix} 1 & 0 & 0 & 0 & 0 \\ 0 & 0 & 0 & 0 & 1 \\ 0 & 0 & 1 & 0 & 0 \\ 0 & 0 & 0 & 0 & 0 \\ 0 & 8 & 0 & 3 & 3 \end{pmatrix}$$

第 5 行に $\frac{1}{3}$ をかける.

$$\begin{pmatrix} 1 & 0 & 0 & 0 & 0 \\ 0 & 0 & 0 & 0 & 1 \\ 0 & 0 & 1 & 0 & 0 \\ 0 & 0 & 0 & 0 & 0 \\ 0 & \frac{8}{3} & 0 & 1 & 1 \end{pmatrix}$$

$(5,4)$ 成分で行掃き出しを行う.

$$\begin{pmatrix} 1 & 0 & 0 & 0 & 0 \\ 0 & 0 & 0 & 0 & 1 \\ 0 & 0 & 1 & 0 & 0 \\ 0 & 0 & 0 & 0 & 0 \\ 0 & 0 & 0 & 1 & 0 \end{pmatrix}$$

ランク 4 である. ■

問題 7.2. 次の行列のランクを求めよ.

(1) $\begin{pmatrix} 1 & 1 & -2 & 3 \\ -2 & -5 & -5 & 3 \\ -2 & -3 & 1 & -3 \end{pmatrix}$

(2) $\begin{pmatrix} 2 & 1 & -1 & 3 \\ -1 & 3 & 2 & 1 \\ 1 & -1 & 2 & -2 \\ 3 & 2 & 1 & -1 \end{pmatrix}$

定理 7.3 より, $n \times n$ 行列のランクと列ベクトル次元がともに n になる場合として次の定理がなりたつ.

定理 7.4. $n \times n$ 行列

$$A = \begin{pmatrix} a_{11} & a_{12} & \cdots & a_{1n} \\ a_{21} & a_{22} & \cdots & a_{2n} \\ \vdots & \vdots & \ddots & \vdots \\ a_{n1} & a_{n2} & \cdots & a_{nn} \end{pmatrix}$$

が正則行列である，つまり，$|A| \neq 0$ であるための必要十分条件は，n 個の列ベクトル

$$\begin{pmatrix} a_{11} \\ a_{21} \\ \vdots \\ a_{n1} \end{pmatrix}, \quad \begin{pmatrix} a_{12} \\ a_{22} \\ \vdots \\ a_{n2} \end{pmatrix}, \quad \cdots, \quad \begin{pmatrix} a_{1n} \\ a_{2n} \\ \vdots \\ a_{nn} \end{pmatrix}$$

が 1 次独立系であることである．

証明. 定理 7.3 から容易に導かれるので証明の必要はないが，別証明を電子ファイルにおいて示す．ここでは，その $k = 3$ の場合を示す．

$$A = \begin{pmatrix} a_{11} & a_{12} & a_{13} \\ a_{21} & a_{22} & a_{23} \\ a_{31} & a_{32} & a_{33} \end{pmatrix} = \begin{pmatrix} \boldsymbol{a}_1 & \boldsymbol{a}_2 & \boldsymbol{a}_3 \end{pmatrix}$$

として，$\boldsymbol{a}_1$，$\boldsymbol{a}_2$，$\boldsymbol{a}_3$ が 1 次従属系であるとする．たとえば，$\boldsymbol{a}_1 = c_2\boldsymbol{a}_2 + c_3\boldsymbol{a}_3$ と 1 次結合で表せるとき，行列式 $|A|$ の第 1 列から第 2 列の c_2 倍と第 3 列の c_3 倍を引くと，第 1 列の成分はすべて 0 になるので，$|A| = 0$ となる．

$\boldsymbol{a}_1$，$\boldsymbol{a}_2$，$\boldsymbol{a}_3$ が 1 次独立系であるとする．定理 6.5 より，$R^3 = \mathrm{L}(\boldsymbol{a}_1, \boldsymbol{a}_2, \boldsymbol{a}_3)$ がなりたつので，すべての 3 次元数ベクトルは $\boldsymbol{a}_1$，$\boldsymbol{a}_2$，$\boldsymbol{a}_3$ の 1 次結合で表せる．したがって，

$$\begin{pmatrix} 1 \\ 0 \\ 0 \end{pmatrix} = b_{11}\boldsymbol{a}_1 + b_{12}\boldsymbol{a}_2 + b_{13}\boldsymbol{a}_3$$

$$\begin{pmatrix} 0 \\ 1 \\ 0 \end{pmatrix} = b_{21}\boldsymbol{a}_1 + b_{22}\boldsymbol{a}_2 + b_{23}\boldsymbol{a}_3$$

$$\begin{pmatrix} 0 \\ 0 \\ 1 \end{pmatrix} = b_{31}\boldsymbol{a}_1 + b_{32}\boldsymbol{a}_2 + b_{33}\boldsymbol{a}_3$$

と表せる．これは

$$\begin{pmatrix} 1 & 0 & 0 \\ 0 & 1 & 0 \\ 0 & 0 & 1 \end{pmatrix} = \begin{pmatrix} \boldsymbol{a}_1 & \boldsymbol{a}_2 & \boldsymbol{a}_3 \end{pmatrix} \begin{pmatrix} b_{11} & b_{21} & b_{31} \\ b_{12} & b_{22} & b_{32} \\ b_{13} & b_{23} & b_{33} \end{pmatrix}$$

と行列を用いて表せる．両辺の行列式をとると，行列式の性質（電子ファイル定理 11.8）より，

$$1 = |A| \times \begin{vmatrix} b_{11} & b_{21} & b_{31} \\ b_{12} & b_{22} & b_{32} \\ b_{13} & b_{23} & b_{33} \end{vmatrix}$$

がなりたつから，$|A| \neq 0$ が得られる．

したがって，$\boldsymbol{a}_1$，$\boldsymbol{a}_2$，$\boldsymbol{a}_3$ が 1 次独立系であるための必要十分条件は，$|A| \neq 0$ がなりたつことである． （証明終）

7.4 7章章末問題

問題 7.3. 行列の積 BA が考えられる 2 つの行列 A, B について，$\mathrm{rank}(AB) \leqq \mathrm{rank}(A)$，および，$\mathrm{rank}(BA) \leqq \mathrm{rank}(B)$ がなりたつことを示せ．

問題 7.4. 正方行列 A が $A^3 = A$ をみたすならば，$\mathrm{rank}(A^2) = \mathrm{rank}(A)$ がなりたつことを示せ．

問題 7.5. $n \times m$ 行列 A と $m \times n$ 行列 B について，$AB = E_n$ がなりたつとき，次の (1), (2) がなりたつことを示せ．

(1) $m \geqq n$

(2) $\mathrm{rank}(A) = \mathrm{rank}(B) = n$

問題 7.6. 2 つの $m \times n$ 行列 A, B について，

$$\mathrm{rank}(A+B) \leqq \mathrm{rank}(A) + \mathrm{rank}(B)$$

がなりたつことを示せ．

問題 7.7. $n \times n$ 行列 $A = \begin{pmatrix} a_{11} & a_{12} & \cdots & a_{1n} \\ a_{21} & a_{22} & \cdots & a_{2n} \\ \vdots & \vdots & \ddots & \vdots \\ a_{n1} & a_{n2} & \cdots & a_{nn} \end{pmatrix}$ に対して，対角成分の和 $a_{11} + a_{22} + \cdots + a_{nn}$ を A の**トレース**といい，記号 $\mathrm{tr}\ A$ で表す．トレースについて，(1), (2) がなりたつことを示せ．

(1)　2 つの $n \times n$ 行列 A, B について，

$$\mathrm{tr}\ AB = \mathrm{tr}\ BA$$

がなりたつ．

(2)　B を $n \times n$ 正則行列とするとき，$n \times n$ 行列 A について，

$$\mathrm{tr}\ A = \mathrm{tr}\ BAB^{-1}$$

がなりたつ．

第8章
線形写像と連立1次方程式

8.1 線　形　写　像

2×3 実行列 $\begin{pmatrix} 2 & -1 & 3 \\ 1 & 2 & -1 \end{pmatrix}$ と 3 次元変数ベクトル $\boldsymbol{x} = \begin{pmatrix} x_1 \\ x_2 \\ x_3 \end{pmatrix}$ に対して，

$$T\boldsymbol{x} = \begin{pmatrix} 2 & -1 & 3 \\ 1 & 2 & -1 \end{pmatrix} \begin{pmatrix} x_1 \\ x_2 \\ x_3 \end{pmatrix}$$

と置くと，右辺は

$$\begin{pmatrix} 2 & -1 & 3 \\ 1 & 2 & -1 \end{pmatrix} \begin{pmatrix} x_1 \\ x_2 \\ x_3 \end{pmatrix} = \begin{pmatrix} 2x_1 - x_2 + 3x_3 \\ x_1 + 2x_2 - x_3 \end{pmatrix}$$

となり，2 次元数ベクトルだから，T は 3 次元数ベクトルに対して 2 次元数ベクトルを対応させる写像，つまり，R^3 から R^2 への写像である．

この写像 T は**線形性**と呼ばれる次の性質をみたすので**線形写像**と呼ばれる．

(線形性)　　　$T(c\boldsymbol{x} + d\boldsymbol{y}) = cT\boldsymbol{x} + dT\boldsymbol{y}$　　　(c, d は実数，$\boldsymbol{x}, \boldsymbol{y} \in \mathrm{R}^3$)

T が線形性をみたすのは，次にみるように行列計算規則によるものである．

$$T(c\boldsymbol{x}+d\boldsymbol{y}) = T(c\begin{pmatrix} x_1 \\ x_2 \\ x_3 \end{pmatrix} + d\begin{pmatrix} y_1 \\ y_2 \\ y_3 \end{pmatrix})$$

$$= \begin{pmatrix} 2 & -1 & 3 \\ 1 & 2 & -1 \end{pmatrix}\begin{pmatrix} cx_1+dy_1 \\ cx_2+dy_2 \\ cx_3+dy_3 \end{pmatrix}$$

$$= \begin{pmatrix} 2(cx_1+dy_1)-(cx_2+dy_2)+3(cx_3+dy_3) \\ (cx_1+dy_1)+2(cx_2+dy_2)-(cx_3+dy_3) \end{pmatrix}$$

$$= c\begin{pmatrix} 2x_1-x_2+3x_3 \\ x_1+2x_2-x_3 \end{pmatrix} + d\begin{pmatrix} 2y_1-y_2+3y_3 \\ y_1+2y_2-y_3 \end{pmatrix}$$

$$= c\begin{pmatrix} 2 & -1 & 3 \\ 1 & 2 & -1 \end{pmatrix}\begin{pmatrix} x_1 \\ x_2 \\ x_3 \end{pmatrix} + d\begin{pmatrix} 2 & -1 & 3 \\ 1 & 2 & -1 \end{pmatrix}\begin{pmatrix} y_1 \\ y_2 \\ y_3 \end{pmatrix}$$

$$= cT\boldsymbol{x}+dT\boldsymbol{y}$$

一般に，$m \times n$ 実行列 $\begin{pmatrix} a_{11} & a_{12} & \cdots & a_{1n} \\ a_{21} & a_{22} & \cdots & a_{2n} \\ \vdots & \vdots & \ddots & \vdots \\ a_{m1} & a_{m2} & \cdots & a_{mn} \end{pmatrix}$ と n 次元変数ベクトル

$\boldsymbol{x} = \begin{pmatrix} x_1 \\ x_2 \\ \vdots \\ x_n \end{pmatrix}$ に対して，

$$T\boldsymbol{x} = \begin{pmatrix} a_{11} & a_{12} & \cdots & a_{1n} \\ a_{21} & a_{22} & \cdots & a_{2n} \\ \vdots & \vdots & \ddots & \vdots \\ a_{m1} & a_{m2} & \cdots & a_{mn} \end{pmatrix}\begin{pmatrix} x_1 \\ x_2 \\ \vdots \\ x_n \end{pmatrix}$$

と置くと，T は R^n から R^m への線形写像になる．T が線形写像になることの

証明は前に示した 2×3 行列の場合と同じであるが，それは電子ファイルにおいて示す.

行列から線形写像が定まったが，次の定理は，線形写像が行列から定まる線形写像であることを示す.

定理 8.1. T が R^n から R^m への線形写像，すなわち，線形性をみたす写像とすると，T は $m \times n$ 実行列から定まる線形写像である.

証明. ここでは $m = 2$, $n = 3$ の場合を証明する．一般の場合の証明は電子ファイルにおいて示す.

T が R^3 から R^2 への線形写像とする.

$T\begin{pmatrix} 1 \\ 0 \\ 0 \end{pmatrix}, T\begin{pmatrix} 0 \\ 1 \\ 0 \end{pmatrix}, T\begin{pmatrix} 0 \\ 0 \\ 1 \end{pmatrix}$ はいずれも R^2 のベクトルだから，

$$T\begin{pmatrix} 1 \\ 0 \\ 0 \end{pmatrix} = \begin{pmatrix} a_{11} \\ a_{21} \end{pmatrix}$$

$$T\begin{pmatrix} 0 \\ 1 \\ 0 \end{pmatrix} = \begin{pmatrix} a_{12} \\ a_{22} \end{pmatrix}$$

$$T\begin{pmatrix} 0 \\ 0 \\ 1 \end{pmatrix} = \begin{pmatrix} a_{13} \\ a_{23} \end{pmatrix}$$

をみたす 6 個の実数 $a_{11}, a_{21}, a_{12}, a_{22}, a_{13}, a_{23}$ が定まる．T の線形性を用いて計算すると，

$$
\begin{aligned}
T\begin{pmatrix} x_1 \\ x_2 \\ x_3 \end{pmatrix} &= T(x_1\begin{pmatrix} 1 \\ 0 \\ 0 \end{pmatrix} + x_2\begin{pmatrix} 0 \\ 1 \\ 0 \end{pmatrix} + x_3\begin{pmatrix} 0 \\ 0 \\ 1 \end{pmatrix}) \\
&= x_1T\begin{pmatrix} 1 \\ 0 \\ 0 \end{pmatrix} + x_2T\begin{pmatrix} 0 \\ 1 \\ 0 \end{pmatrix} + x_3T\begin{pmatrix} 0 \\ 0 \\ 1 \end{pmatrix} \\
&= x_1\begin{pmatrix} a_{11} \\ a_{21} \end{pmatrix} + x_2\begin{pmatrix} a_{12} \\ a_{22} \end{pmatrix} + x_3\begin{pmatrix} a_{13} \\ a_{23} \end{pmatrix} \\
&= \begin{pmatrix} a_{11}x_1 + a_{12}x_2 + a_{13}x_3 \\ a_{21}x_1 + a_{22}x_2 + a_{23}x_3 \end{pmatrix} \\
&= \begin{pmatrix} a_{11} & a_{12} & a_{13} \\ a_{21} & a_{22} & a_{23} \end{pmatrix}\begin{pmatrix} x_1 \\ x_2 \\ x_3 \end{pmatrix}
\end{aligned}
$$

すなわち，T は 2×3 行列 $\begin{pmatrix} a_{11} & a_{12} & a_{13} \\ a_{21} & a_{22} & a_{23} \end{pmatrix}$ で定まる線形写像である．

(証明終)

8.2 線形写像の像と核

R^n から R^m への線形写像 T に対して，R^m のベクトル $T\boldsymbol{x}$ $(\boldsymbol{x} \in \mathrm{R}^n)$ 全体の集合を記号 $\mathrm{Im}\, T$ で表し，T の像（image）と呼ぶ．

$$\mathrm{Im}\, T = \{T\boldsymbol{x} \,|\, \boldsymbol{x} \in \mathrm{R}^n\}$$

例題 8.1. 3×3 行列 $\begin{pmatrix} 2 & -1 & 3 \\ 1 & 1 & 2 \\ 0 & -3 & -1 \end{pmatrix}$ から定まる R^3 から R^3 への線形写像 T の像を求めよ．

【解答】

$$
\begin{aligned}
\operatorname{Im} T &= \left\{ T\boldsymbol{x} \mid \boldsymbol{x} \in \mathrm{R}^3 \right\} \\
&= \left\{ \begin{pmatrix} 2 & -1 & 3 \\ 1 & 1 & 2 \\ 0 & -3 & -1 \end{pmatrix} \begin{pmatrix} x_1 \\ x_2 \\ x_3 \end{pmatrix} \mid x_1, x_2, x_3 \in \mathrm{R} \right\} \\
&= \left\{ \begin{pmatrix} 2x_1 - x_2 + 3x_3 \\ x_1 + x_2 + 2x_3 \\ -3x_2 - x_3 \end{pmatrix} \mid x_1, x_2, x_3 \in \mathrm{R} \right\} \\
&= \left\{ x_1 \begin{pmatrix} 2 \\ 1 \\ 0 \end{pmatrix} + x_2 \begin{pmatrix} -1 \\ 1 \\ -3 \end{pmatrix} + x_3 \begin{pmatrix} 3 \\ 2 \\ -1 \end{pmatrix} \mid x_1, x_2, x_3 \in \mathrm{R} \right\} \\
&= \mathrm{L}\left(\begin{pmatrix} 2 \\ 1 \\ 0 \end{pmatrix}, \begin{pmatrix} -1 \\ 1 \\ -3 \end{pmatrix}, \begin{pmatrix} 3 \\ 2 \\ -1 \end{pmatrix} \right)
\end{aligned}
$$

つまり，T の像は，3 つのベクトル $\begin{pmatrix} 2 \\ 1 \\ 0 \end{pmatrix}, \begin{pmatrix} -1 \\ 1 \\ -3 \end{pmatrix}, \begin{pmatrix} 3 \\ 2 \\ -1 \end{pmatrix}$ が張る部分ベクトル空間である． ■

定理 8.2. $m \times n$ 実行列 $A = \begin{pmatrix} a_{11} & a_{12} & \cdots & a_{1n} \\ a_{21} & a_{22} & \cdots & a_{2n} \\ \vdots & \vdots & \ddots & \vdots \\ a_{m1} & a_{m2} & \cdots & a_{mn} \end{pmatrix}$ の列から定まる R^m のベクトルを $\boldsymbol{a}_1, \boldsymbol{a}_2, \cdots, \boldsymbol{a}_n$ とする．すなわち，

$$
\boldsymbol{a}_1 = \begin{pmatrix} a_{11} \\ a_{21} \\ \vdots \\ a_{m1} \end{pmatrix}, \ \boldsymbol{a}_2 = \begin{pmatrix} a_{12} \\ a_{22} \\ \vdots \\ a_{m2} \end{pmatrix}, \ \cdots, \ \boldsymbol{a}_n = \begin{pmatrix} a_{1n} \\ a_{2n} \\ \vdots \\ a_{mn} \end{pmatrix}
$$

とする．このとき，行列 A で定まる線形写像 T の像 $\mathrm{Im}(T)$ は $\boldsymbol{a}_1, \boldsymbol{a}_2, \cdots, \boldsymbol{a}_n$ が張る部分ベクトル空間に一致する．すなわち，

$$\mathrm{Im}\, T = \mathrm{L}(\boldsymbol{a}_1, \boldsymbol{a}_2, \cdots, \boldsymbol{a}_n)$$

となる．

証明. ここでは，2×3 実行列 $\begin{pmatrix} a_{11} & a_{12} & a_{13} \\ a_{21} & a_{22} & a_{23} \end{pmatrix}$ の場合を証明し，一般の場合は電子ファイルにおいて証明する．

$$\begin{aligned} T\begin{pmatrix} x_1 \\ x_2 \\ x_3 \end{pmatrix} &= \begin{pmatrix} a_{11} & a_{12} & a_{13} \\ a_{21} & a_{22} & a_{23} \end{pmatrix}\begin{pmatrix} x_1 \\ x_2 \\ x_3 \end{pmatrix} \\ &= x_1\begin{pmatrix} a_{11} \\ a_{21} \end{pmatrix} + x_2\begin{pmatrix} a_{12} \\ a_{22} \end{pmatrix} + x_3\begin{pmatrix} a_{13} \\ a_{23} \end{pmatrix} \\ &= x_1\boldsymbol{a}_1 + x_2\boldsymbol{a}_2 + x_3\boldsymbol{a}_3 \end{aligned}$$

この等式から，$\mathrm{Im}(T)$ に属するベクトルは $\mathrm{L}(\boldsymbol{a}_1, \boldsymbol{a}_2, \boldsymbol{a}_3)$ に属す．逆に，$\mathrm{L}(\boldsymbol{a}_1, \boldsymbol{a}_2, \boldsymbol{a}_3)$ に属するベクトルは $\mathrm{Im}\, T$ に属す．よって $\mathrm{Im}(T) = \mathrm{L}(\boldsymbol{a}_1, \boldsymbol{a}_2, \boldsymbol{a}_3)$ がなりたつ． （証明終）

R^n から R^m への線形写像 T に対して，$T\boldsymbol{x} = \boldsymbol{0}$ をみたす R^n のベクトル $\boldsymbol{x}$ 全体の集合を記号 $\mathrm{Ker}\, T$ で表し，T の**核**（kernel）と呼ぶ．

$$\mathrm{Ker}\, T = \{\boldsymbol{x} \in \mathrm{R}^n \mid T\boldsymbol{x} = \boldsymbol{0}\}$$

例題 8.2. 3×3 行列 $\begin{pmatrix} 2 & -1 & 3 \\ 1 & 1 & 2 \\ 0 & -3 & -1 \end{pmatrix}$ から定まる R^3 から R^3 への線形写像 T の核を求めよ．

【解答】

$$
\begin{aligned}
\mathrm{Ker}\, T &= \left\{ \boldsymbol{x} \in \mathrm{R}^3 \,\middle|\, T\boldsymbol{x} = \boldsymbol{0} \right\} \\
&= \left\{ \begin{pmatrix} x_1 \\ x_2 \\ x_3 \end{pmatrix} \in \mathrm{R}^3 \,\middle|\, \begin{pmatrix} 2 & -1 & 3 \\ 1 & 1 & 2 \\ 0 & -3 & -1 \end{pmatrix} \begin{pmatrix} x_1 \\ x_2 \\ x_3 \end{pmatrix} = \begin{pmatrix} 0 \\ 0 \\ 0 \end{pmatrix} \right\} \\
&= \left\{ \begin{pmatrix} x_1 \\ x_2 \\ x_3 \end{pmatrix} \in \mathrm{R}^3 \,\middle|\, \begin{array}{r} 2x_1 - x_2 + 3x_3 = 0 \\ x_1 + x_2 + 2x_3 = 0 \\ -3x_2 - x_3 = 0 \end{array} \right\} \\
&= \left\{ \begin{pmatrix} x_1 \\ x_2 \\ -3x_2 \end{pmatrix} \,\middle|\, \begin{array}{r} 2x_1 - 10x_2 = 0 \\ x_1 - 5x_2 = 0 \end{array} \right\} \\
&= \left\{ \begin{pmatrix} 5x_2 \\ x_2 \\ -3x_2 \end{pmatrix} \in \mathrm{R}^3 \,\middle|\, x_2 \in \mathrm{R} \right\} \\
&= \left\{ x_2 \begin{pmatrix} 5 \\ 1 \\ -3 \end{pmatrix} \,\middle|\, x_2 \in \mathrm{R} \right\} = \mathrm{L}\left(\begin{pmatrix} 5 \\ 1 \\ -3 \end{pmatrix} \right)
\end{aligned}
$$

すなわち，T の核は 1 つのベクトル $\begin{pmatrix} 5 \\ 1 \\ -3 \end{pmatrix}$ が張る部分ベクトル空間である． ■

定理 8.3. 線形写像 T の核 $\mathrm{Ker}\, T$ は部分ベクトル空間である．

証明. $\boldsymbol{x} \in \mathrm{Ker}\, T$, $\boldsymbol{y} \in \mathrm{Ker}\, T$ とし，c, d を実数とすると，

$$
T(c\boldsymbol{x} + d\boldsymbol{y}) = cT\boldsymbol{x} + dT\boldsymbol{y} = c \times \boldsymbol{0} + d \times \boldsymbol{0} = \boldsymbol{0}
$$

だから，$c\boldsymbol{x} + d\boldsymbol{y} \in \mathrm{Ker}\, T$ となる．したがって，$\mathrm{Ker}\, T$ は部分ベクトル空間である． （証明終）

例題 8.3. 2×3 行列 $\begin{pmatrix} 1 & -2 & -1 \\ 2 & 3 & 1 \end{pmatrix}$ で定まる R^3 から R^2 への線形写像 T の像 $\mathrm{Im}\,T$ と核 $\mathrm{Ker}\,T$ の次元を求めよ．

【解答】

$$\mathrm{Im}\,T = \mathrm{L}(\begin{pmatrix} 1 \\ 2 \end{pmatrix}, \begin{pmatrix} -2 \\ 3 \end{pmatrix}, \begin{pmatrix} -1 \\ 1 \end{pmatrix})$$

右辺の次元は次の行列の列ベクトル次元（ランク）だから，

$$\begin{pmatrix} 1 & -2 & -1 \\ 2 & 3 & 1 \end{pmatrix}$$

$(1,1)$ 成分で列掃き出しを行うと，

$$\begin{pmatrix} 1 & -2 & -1 \\ 0 & 7 & 3 \end{pmatrix}$$

第 2 行に $\dfrac{1}{7}$ をかけると，

$$\begin{pmatrix} 1 & -2 & -1 \\ 0 & 1 & \dfrac{3}{7} \end{pmatrix}$$

$(2,2)$ 成分で列掃き出しを行うと，

$$\begin{pmatrix} 1 & 0 & -\dfrac{1}{7} \\ 0 & 1 & \dfrac{3}{7} \end{pmatrix}$$

したがって，ランクは 2 であり，$\dim \mathrm{Im}\,T = 2$ である．ゆえに，$\mathrm{Im}\,T = \mathrm{R}^2$ となる．

$$\begin{aligned} \mathrm{Ker}\,T &= \left\{ \boldsymbol{x} \in \mathrm{R}^3 \mid T\boldsymbol{x} = \boldsymbol{0} \right\} \\ &= \left\{ \begin{pmatrix} x_1 \\ x_2 \\ x_3 \end{pmatrix} \in \mathrm{R}^3 \mid \begin{pmatrix} 1 & -2 & -1 \\ 2 & 3 & 1 \end{pmatrix} \begin{pmatrix} x_1 \\ x_2 \\ x_3 \end{pmatrix} = \begin{pmatrix} 0 \\ 0 \end{pmatrix} \right\} \\ &= \left\{ \begin{pmatrix} x_1 \\ x_2 \\ x_3 \end{pmatrix} \in \mathrm{R}^3 \mid \begin{matrix} x_1 - 2x_2 - x_3 = 0 \\ 2x_1 + 3x_2 + x_3 = 0 \end{matrix} \right\} \end{aligned}$$

連立 1 次方程式を解く.

$$\begin{pmatrix} 1 & -2 & -1 & 0 \\ 2 & 3 & 1 & 0 \end{pmatrix}$$

$(1,1)$ 成分で列掃き出しを行うと,

$$\begin{pmatrix} 1 & -2 & -1 & 0 \\ 0 & 7 & 3 & 0 \end{pmatrix}$$

第 2 行に $\frac{1}{7}$ をかけると,

$$\begin{pmatrix} 1 & -2 & -1 & 0 \\ 0 & 1 & \dfrac{3}{7} & 0 \end{pmatrix}$$

$(2,2)$ 成分で列掃き出しを行うと,

$$\begin{pmatrix} 1 & 0 & -\dfrac{1}{7} & 0 \\ 0 & 1 & \dfrac{3}{7} & 0 \end{pmatrix}$$

方程式に直すと, $x_1 = \dfrac{1}{7}x_3$, $x_2 = -\dfrac{3}{7}x_3$ だから, $x_3 = 7x$ とおくと, $x_1 = x$, $x_2 = -3x$ となる. ゆえに,

$$\begin{aligned} \mathrm{Ker}\, T &= \left\{ \begin{pmatrix} x \\ -3x \\ 7x \end{pmatrix} \mid x \in \mathrm{R} \right\} \\ &= \left\{ x \begin{pmatrix} 1 \\ -3 \\ 7 \end{pmatrix} \mid x \in \mathrm{R} \right\} = \mathrm{L}\left(\begin{pmatrix} 1 \\ -3 \\ 7 \end{pmatrix} \right) \end{aligned}$$

となり, $\mathrm{Ker}\, T$ は 1 次元である. ■

問題 8.1. 3×3 行列 $\begin{pmatrix} 2 & 3 & -2 \\ 2 & 1 & 6 \\ 1 & 2 & -3 \end{pmatrix}$ で定まる R^3 から R^3 への線形写像 T の像 $\mathrm{Im}\,T$ と核 $\mathrm{Ker}\,T$ の次元を求めよ.

一般に，線形写像の像の次元と核の次元には次の関係がある.

定理 8.4. （線形写像についての次元定理）

T を R^n から R^m への線形写像とし，核 $\mathrm{Ker}\,T$ の次元を k とすれば，像 $\mathrm{Im}\,T$ の次元は $n-k$ である．すなわち，

$$\dim \mathrm{Ker}\,T + \dim \mathrm{Im}\,T = n$$

がなりたつ.

定理 8.4 の証明は電子ファイルにおいて行なう.

例題 8.4. 3×3 行列 $\begin{pmatrix} 2 & 1 & -4 \\ 1 & -3 & 1 \\ -2 & 1 & 3 \end{pmatrix}$ で定まる R^3 から R^3 への線形写像 T の像 $\mathrm{Im}\,T$ と核 $\mathrm{Ker}\,T$ の次元を求めよ.

【解答】 定理 8.2 より，

$$\mathrm{Im}\,T = \mathrm{L}(\begin{pmatrix} 2 \\ 1 \\ -2 \end{pmatrix} \begin{pmatrix} 1 \\ -3 \\ 1 \end{pmatrix} \begin{pmatrix} -4 \\ 1 \\ 3 \end{pmatrix})$$

次元を求めるため，次の行列のランクを求める.

$$\begin{pmatrix} 2 & 1 & -4 \\ 1 & -3 & 1 \\ -2 & 1 & 3 \end{pmatrix}$$

$(2,1)$ 成分で列掃き出しを行う.

$$\begin{pmatrix} 0 & 7 & -6 \\ 1 & -3 & 1 \\ 0 & -5 & 5 \end{pmatrix}$$

第 3 行を $-\dfrac{1}{5}$ 倍する．

$$\begin{pmatrix} 0 & 7 & -6 \\ 1 & -3 & 1 \\ 0 & 1 & -1 \end{pmatrix}$$

$(3,2)$ 成分で列掃き出しを行う．

$$\begin{pmatrix} 0 & 0 & 1 \\ 1 & 0 & -2 \\ 0 & 1 & -1 \end{pmatrix}$$

$(1,3)$ 成分で列掃き出しを行う．

$$\begin{pmatrix} 0 & 0 & 1 \\ 1 & 0 & 0 \\ 0 & 1 & 0 \end{pmatrix}$$

ランクは 3 だから，$\dim \mathrm{Im}\, T = 3$ である．

次元定理より，

$$\begin{aligned} \dim \mathrm{Ker}\, T &= 3 - \dim \mathrm{Im}\, T \\ &= 3 - 3 = 0 \end{aligned}$$

次元が 0 であることは，$\mathrm{Ker}\, T = \{\, \mathbf{0} \,\}$ を意味する． ■

8.3　連立1次方程式の解の存在と一意性

2つの未知数 x_1, x_2 をもつ連立1次方程式

$$\begin{cases} 2x_1 - 3x_2 = -1 \\ 3x_1 + 2x_2 = 4 \end{cases}$$

は，行列を用いた方程式

$$\begin{pmatrix} 2 & -3 \\ 3 & 2 \end{pmatrix} \begin{pmatrix} x_1 \\ x_2 \end{pmatrix} = \begin{pmatrix} -1 \\ 4 \end{pmatrix}$$

で表すことができる．また，ベクトルの方程式

$$x_1 \begin{pmatrix} 2 \\ 3 \end{pmatrix} + x_2 \begin{pmatrix} -3 \\ 2 \end{pmatrix} = \begin{pmatrix} -1 \\ 4 \end{pmatrix}$$

でも表すことができる．さらに，

$$T \begin{pmatrix} x_1 \\ x_2 \end{pmatrix} = \begin{pmatrix} 2 & -3 \\ 3 & 2 \end{pmatrix} \begin{pmatrix} x_1 \\ x_2 \end{pmatrix}$$

で定まる R^2 から R^2 への線形写像 T についての方程式

$$T \begin{pmatrix} x_1 \\ x_2 \end{pmatrix} = \begin{pmatrix} -1 \\ 4 \end{pmatrix}$$

でも表すことができる．

一般に，n 個の未知数を持ち，m 個の等式からなる連立1次方程式

$$\begin{cases} a_{11}x_1 + a_{12}x_2 + \cdots + a_{1n}x_n = b_1 \\ a_{21}x_1 + a_{22}x_2 + \cdots + a_{2n}x_n = b_2 \\ \qquad\vdots \\ a_{m1}x_1 + a_{m2}x_2 + \cdots + a_{mn}x_n = b_m \end{cases}$$

は係数行列を用いることにより，行列についての方程式

$$\begin{pmatrix} a_{11} & a_{12} & \cdots & a_{1n} \\ a_{21} & a_{22} & \cdots & a_{2n} \\ \vdots & \vdots & \ddots & \vdots \\ a_{m1} & a_{m2} & \cdots & a_{mn} \end{pmatrix} \begin{pmatrix} x_1 \\ x_2 \\ \vdots \\ x_n \end{pmatrix} = \begin{pmatrix} b_1 \\ b_2 \\ \vdots \\ b_m \end{pmatrix}$$

と表せる．さらに，係数行列の列で決まるベクトルと定数項から決まるベクトルを

$$\boldsymbol{a}_1 = \begin{pmatrix} a_{11} \\ a_{21} \\ \vdots \\ a_{m1} \end{pmatrix}, \ \boldsymbol{a}_2 = \begin{pmatrix} a_{12} \\ a_{22} \\ \vdots \\ a_{m2} \end{pmatrix}, \cdots, \boldsymbol{a}_n = \begin{pmatrix} a_{1n} \\ a_{2n} \\ \vdots \\ a_{mn} \end{pmatrix}, \ \boldsymbol{b} = \begin{pmatrix} b_1 \\ b_2 \\ \vdots \\ b_m \end{pmatrix}$$

とするとき，ベクトルについての方程式

$$x_1\boldsymbol{a}_1 + x_2\boldsymbol{a}_2 + \cdots + x_n\boldsymbol{a}_n = \boldsymbol{b}$$

とも表せる．さらに，係数行列で定まる線形写像 T についての方程式

$$T\boldsymbol{x} = \boldsymbol{b}$$

とも表せる．

このように，連立 1 次方程式は，行列についての方程式，ベクトルについての方程式，線形写像についての方程式で表すことができる．特に，連立 1 次方程式の解の存在と一意性については，連立 1 次方程式を線形写像についての方程式と見れば，はっきりしてくる．

定理 8.5. 次の (1)〜(5) は互いに同値である．

(1) 方程式 $T\boldsymbol{x} = \boldsymbol{b}$ が解をもつ．

(2) $\boldsymbol{b} \in \operatorname{Im} T = \mathrm{L}(\boldsymbol{a}_1, \boldsymbol{a}_2, \cdots, \boldsymbol{a}_n)$

(3) $\mathrm{L}(\boldsymbol{a}_1, \boldsymbol{a}_2, \cdots, \boldsymbol{a}_n, \boldsymbol{b}) = \mathrm{L}(\boldsymbol{a}_1, \boldsymbol{a}_2, \cdots, \boldsymbol{a}_n)$

(4) $\dim \mathrm{L}(\boldsymbol{a}_1, \boldsymbol{a}_2, \cdots, \boldsymbol{a}_n, \boldsymbol{b}) = \dim \mathrm{L}(\boldsymbol{a}_1, \boldsymbol{a}_2, \cdots, \boldsymbol{a}_n)$

(5)　行列 $\begin{pmatrix} a_{11} & a_{12} & \cdots & a_{1n} & b_1 \\ a_{21} & a_{22} & \cdots & a_{2n} & b_2 \\ \vdots & \vdots & \ddots & \vdots & \vdots \\ a_{m1} & a_{m2} & \cdots & a_{mn} & b_m \end{pmatrix}$ のランクと行列

$\begin{pmatrix} a_{11} & a_{12} & \cdots & a_{1n} \\ a_{21} & a_{22} & \cdots & a_{2n} \\ \vdots & \vdots & \ddots & \vdots \\ a_{m1} & a_{m2} & \cdots & a_{mn} \end{pmatrix}$ のランクは一致する．

証明. (1) と (2) の同値関係（すなわち，(1) ならば (2)，(2) ならば (1) がいえる）は像 $\mathrm{Im}\,T$ の意味から明らかである．

(2) と (3) の同値関係は 8 章の定理 8.2 から導かれる．

(3) と (4) の同値関係は 6 章の定理 6.3 から導かれる．

(4) と (5) の同値関係は 7 章の定理 7.3 から導かれる．（証明終）

次の定理がなりたつことは明らかであるが，対応する連立 1 次方程式を考えることに意味がある．

定理 8.6. T を R^n から R^m への線形写像とし，$\mathrm{Im}\,T = \mathrm{R}^m$ がなりたつならば，方程式 $T\boldsymbol{x} = \boldsymbol{b}$ はすべての $\boldsymbol{b} \in \mathrm{R}^m$ について解をもつ．

定理 8.7. 方程式 $T\boldsymbol{x} = \boldsymbol{b}$ に解があるとして，解の一つを $\boldsymbol{x}_0$ とすれば，解の全体の集合は

$$\{\, \boldsymbol{x}_0 + \boldsymbol{u} \mid \boldsymbol{u} \in \mathrm{Ker}\,T \,\}$$

となる．

証明. $\boldsymbol{u} \in \mathrm{Ker}\,T$ とすれば，

$$T(\boldsymbol{x}_0 + \boldsymbol{u}) = T(\boldsymbol{x}_0) + T(\boldsymbol{u}) = \boldsymbol{b} + \boldsymbol{0} = \boldsymbol{b}$$

だから，$\boldsymbol{x}_0 + \boldsymbol{u}$ は解である．逆に，$\boldsymbol{x}$ を解として，$\boldsymbol{u} = \boldsymbol{x} - \boldsymbol{x}_0$ と置くと，

$$T\boldsymbol{u} = T(\boldsymbol{x} - \boldsymbol{x}_0) = T\boldsymbol{x} - T\boldsymbol{x}_0 = \boldsymbol{b} - \boldsymbol{b} = \boldsymbol{0}$$

だから，$\boldsymbol{u} \in \mathrm{Ker}\, T$ であり，解 $\boldsymbol{x}$ は，$\boldsymbol{x} = \boldsymbol{x}_0 + \boldsymbol{u}$ と表せる．（証明終）

次の定理がなりたつことは定理 8.6 から明らかである．

定理 8.8. 方程式 $T\boldsymbol{x} = \boldsymbol{b}$ に解があるとするとき，解が唯一つであるための必要十分条件は

$$\mathrm{Ker}\, T = \{\, \boldsymbol{0} \,\}$$

である．すなわち，$\dim \mathrm{Ker}\, T = 0$ である．

解が唯一つであることを解の**一意性**という．

例題 8.5. 連立 1 次方程式

$$\begin{cases} 2x + y = 1 \\ x + 2y = -4 \\ 4x + y = 5 \end{cases}$$

について，

(1) 解が存在するかどうかを係数行列のランクを調べることによって判定せよ．

(2) 解がただ一つだけであるかどうかを，対応する線形写像の次元を求めることにより判定せよ．

【解答】 (1) 定数項を含む行列は $\begin{pmatrix} 2 & 1 & 1 \\ 1 & 2 & -4 \\ 4 & 1 & 5 \end{pmatrix}$ である．この行列のランクを求めるために，$(1, 2)$ 成分で列掃き出しを行なうと，

$\begin{pmatrix} 2 & 1 & 1 \\ -3 & 0 & -6 \\ 2 & 0 & 4 \end{pmatrix}$ となる．第 2 行を -3 で割ると，

$\begin{pmatrix} 2 & 1 & 1 \\ 1 & 0 & 2 \\ 2 & 0 & 4 \end{pmatrix}$ となる．(2,1) 成分で列掃き出しを行なうと，

$\begin{pmatrix} 2 & 1 & 1 \\ 1 & 0 & 2 \\ 0 & 0 & 0 \end{pmatrix}$ となる．したがって，定数項を含む係数行列のランクは 2 である．

定数項を含まない係数行列は $\begin{pmatrix} 2 & 1 \\ 1 & 2 \\ 4 & 1 \end{pmatrix}$ である．この行列のランクを求めるために，(2,1) 成分で列掃き出しを行なうと，定数項を含まない係数行列は $\begin{pmatrix} 2 & 1 \\ -3 & 0 \\ 2 & 0 \end{pmatrix}$ となる．この行列のランクは 2 である．定数項を含む係数行列のランクと定数項を含まない行列のランクが一致したから，考えている連立 1 次方程式は解を持つ．

(2)　定数項を含まない行列のランクが 2 だから，この行列から定まる R^2 から R^2 への線形写像 T の像 $\mathrm{Im}\,T$ の次元は 2 である．次元定理（定理 8.4）より，

$$\dim \mathrm{Ker}\,T = 2 - \dim \mathrm{Im}\,T = 2 - 2 = 0$$

だから，考えている連立 1 次方程式の解はただ一つである．■

問題 8.2. 連立 1 次方程式

$$\begin{cases} 3x + 2y - z = 3 \\ x + 3y + z = 2 \\ -x + 4y + 3z = 1 \end{cases}$$

について，

(1)　解が存在するかどうかを係数行列のランクを調べることによって判定せよ．

(2)　解がただ一つだけであるかどうかを，対応する線形写像の次元を求めることによって判定せよ．

8.4 線形写像と部分ベクトル空間

R^n から R^m への線形写像 T と R^n の部分ベクトル空間 U に対して，U に属するベクトル $\boldsymbol{x}$ の T による像 $T\boldsymbol{x}$ の全体の集合を記号 TU で表し，U の T による**像**という．

$$TU = \{\, T\boldsymbol{x} \mid \boldsymbol{x} \in U \,\}$$

R^n から R^m への線形写像 T と R^m の部分ベクトル空間 V に対して，$T\boldsymbol{x} \in V$ をみたす R^n のベクトル $\boldsymbol{x}$ の全体の集合を記号 $T^{-1}V$ で表し，V の T による**逆像**という．

$$T^{-1}V = \{\, \boldsymbol{x} \in \mathrm{R}^n \mid T\boldsymbol{x} \in V \,\}$$

定理 8.9. T を R^n から R^m への線形写像とする．R^n の部分ベクトル空間 U の T による像 TU は R^m の部分ベクトル空間である．また，R^m の部分ベクトル空間 V の T による逆像 $T^{-1}V$ は R^n の部分ベクトル空間である．

証明. $\boldsymbol{z}, \boldsymbol{w} \in TU$, $c, d \in \mathrm{R}$ とする．$T\boldsymbol{x} = \boldsymbol{z}$ をみたすベクトル $\boldsymbol{x} \in U$ と $T\boldsymbol{y} = \boldsymbol{w}$ をみたすベクトル $\boldsymbol{y} \in U$ が存在する．U は部分ベクトル空間だから，$c\boldsymbol{x} + d\boldsymbol{y} \in U$ となり，T は線形写像だから $c\boldsymbol{z} + d\boldsymbol{w} = cT\boldsymbol{x} + dT\boldsymbol{y} = T(c\boldsymbol{x} + d\boldsymbol{y}) \in TU$ となる．したがって，TU は部分ベクトル空間である．

$\boldsymbol{x}, \boldsymbol{y} \in T^{-1}V$, $c, d \in \mathrm{R}$ とすると，$T\boldsymbol{x} \in V, T\boldsymbol{y} \in V$ となる．T は線形写像であり，V は部分ベクトル空間だから $T(c\boldsymbol{x} + d\boldsymbol{y}) = cT\boldsymbol{x} + dT\boldsymbol{y} \in V$ となる．すなわち，$c\boldsymbol{x} + d\boldsymbol{y} \in T^{-1}V$ となる．したがって，$T^{-1}V$ は部分ベクトル空間である． (証明終)

R^n から R^n への線形写像 T について，

$$T^k\boldsymbol{x} = T(T^{k-1}\boldsymbol{x}),\ \boldsymbol{x} \in \mathrm{R}^n, \quad k = 2, 3, \cdots$$

とするとき，自然数 k と R^n の部分ベクトル空間 V に対して，$T^k\boldsymbol{x} \in V$ をみたす R^n のベクトル $\boldsymbol{x}$ の全体の集合を記号 $T^{-k}V$ で表し，V の T^k による**逆像**という．

$$T^{-k}V = \{\, \boldsymbol{x} \in \mathrm{R}^n \mid T^k\boldsymbol{x} \in V \,\}$$

V の T^k による逆像 $T^{-k}V$ が部分ベクトル空間であることは定理 8.9 の証明と同じように示すことができる.

例題 8.6. $T\begin{pmatrix} x_1 \\ x_2 \\ x_3 \end{pmatrix} = \begin{pmatrix} x_1 + x_3 \\ x_1 + x_2 \\ 0 \end{pmatrix}$ で定まる R^3 から R^3 への線形写像 T について, $T^{-1}(T\mathrm{L}(\begin{pmatrix} 1 \\ 0 \\ 0 \end{pmatrix}))$ を求めよ.

【解答】

$$T(\mathrm{L}(\begin{pmatrix} 1 \\ 0 \\ 0 \end{pmatrix})) = \left\{ T\begin{pmatrix} x_1 \\ 0 \\ 0 \end{pmatrix} \mid x_1 \in \mathrm{R} \right\} = \left\{ \begin{pmatrix} x_1 \\ x_1 \\ 0 \end{pmatrix} \mid x_1 \in \mathrm{R} \right\}$$
$$= \mathrm{L}(\begin{pmatrix} 1 \\ 1 \\ 0 \end{pmatrix})$$

となるので,

$$T^{-1}(T\mathrm{L}(\begin{pmatrix} 1 \\ 0 \\ 0 \end{pmatrix})) = \left\{ \begin{pmatrix} x_1 \\ x_2 \\ x_3 \end{pmatrix} \mid T\begin{pmatrix} x_1 \\ x_2 \\ x_3 \end{pmatrix} \in \mathrm{L}(\begin{pmatrix} 1 \\ 1 \\ 0 \end{pmatrix}) \right\}$$
$$= \left\{ \begin{pmatrix} x_1 \\ x_2 \\ x_3 \end{pmatrix} \mid x_1 + x_3 = x_1 + x_2 \right\}$$
$$= \left\{ \begin{pmatrix} x_1 \\ x_2 \\ x_2 \end{pmatrix} \mid x_1, x_2 \in \mathrm{R} \right\}$$

$$= \mathrm{L}(\begin{pmatrix} 1 \\ 0 \\ 0 \end{pmatrix}, \begin{pmatrix} 0 \\ 1 \\ 1 \end{pmatrix})$$

となる．■

問題 8.3. $T\begin{pmatrix} x_1 \\ x_2 \\ x_3 \end{pmatrix} = \begin{pmatrix} x_1 \\ x_1 \\ x_2 + x_3 \end{pmatrix}$ で定まる R^3 から R^3 への線形写像 T について，$T^{-1}(T\mathrm{L}(\begin{pmatrix} 1 \\ 0 \\ 0 \end{pmatrix}))$ を求めよ．

例題 8.7. R^n から R^n への線形写像 T と自然数 k について，$T^{-1}(\mathrm{Ker}\ T^k) = \mathrm{Ker}\ T^{k+1}$ がなりたつことを示せ．

【解答】

$$T^{-1}(\mathrm{Ker}\ T^k) = T^{-1}(T^{-k}\{\mathbf{0}\}) = T^{-(k+1)}\{\mathbf{0}\} = \mathrm{Ker}\ T^{k+1}$$

だからである．ここで，$T^{-1}(T^{-k}\{\mathbf{0}\}) = T^{-(k+1)}\{\mathbf{0}\}$ がなりたつのは，

$$\begin{aligned} \boldsymbol{x} \in T^{-1}(T^{-k}\{\mathbf{0}\}) &\Longleftrightarrow T\boldsymbol{x} \in T^{-k}\{\mathbf{0}\} \\ &\Longleftrightarrow T^k(T\boldsymbol{x}) = \mathbf{0} \Longleftrightarrow \boldsymbol{x} \in T^{-(k+1)}\{\mathbf{0}\} \end{aligned}$$

だからである．ここで記号 $\Longleftrightarrow$ は必要十分であることを表す．■

正方行列 A から定まる線形写像 T の像 $\mathrm{Im}\ T$，核 $\mathrm{Ker}\ T$ 等を，それぞれ記号 $\mathrm{Im}\ A, \mathrm{Ker}\ A$ で表す．

例題 8.8. 行列 $A = \begin{pmatrix} 0 & 1 & 0 \\ 0 & 0 & 0 \\ 0 & 0 & 0 \end{pmatrix}$ について，$\mathrm{Ker}\ A, A\ \mathrm{Ker}\ A^2$ を求めよ．

【解答】

$$\mathrm{Ker}\ A = \left\{ \begin{pmatrix} x_1 \\ x_2 \\ x_3 \end{pmatrix} \mid \begin{pmatrix} 0 & 1 & 0 \\ 0 & 0 & 0 \\ 0 & 0 & 0 \end{pmatrix} \begin{pmatrix} x_1 \\ x_2 \\ x_3 \end{pmatrix} = \begin{pmatrix} 0 \\ 0 \\ 0 \end{pmatrix} \right\}$$
$$= \left\{ \begin{pmatrix} x_1 \\ x_2 \\ x_3 \end{pmatrix} \mid x_2 = 0 \right\} = \left\{ \begin{pmatrix} x_1 \\ 0 \\ x_3 \end{pmatrix} \mid x_1, x_3 \in \mathrm{R} \right\}$$
$$= \mathrm{L}(\begin{pmatrix} 1 \\ 0 \\ 0 \end{pmatrix}, \begin{pmatrix} 0 \\ 0 \\ 1 \end{pmatrix})$$

$A^2 = \begin{pmatrix} 0 & 0 & 0 \\ 0 & 0 & 0 \\ 0 & 0 & 0 \end{pmatrix}$ だから，$\mathrm{Ker}\ A^2 = \mathrm{R}^3$ となる．

$$A\ \mathrm{Ker}\ A^2 = \left\{ \begin{pmatrix} 0 & 1 & 0 \\ 0 & 0 & 0 \\ 0 & 0 & 0 \end{pmatrix} \begin{pmatrix} x_1 \\ x_2 \\ x_3 \end{pmatrix} \mid \begin{pmatrix} x_1 \\ x_2 \\ x_3 \end{pmatrix} \in \mathrm{R}^3 \right\}$$
$$= \left\{ \begin{pmatrix} x_2 \\ 0 \\ 0 \end{pmatrix} \mid x_2 \in \mathrm{R} \right\} = \mathrm{L}(\begin{pmatrix} 1 \\ 0 \\ 0 \end{pmatrix})$$

となる．■

問題 8.4. 行列 $A = \begin{pmatrix} 0 & 1 & 0 \\ 0 & 0 & 1 \\ 0 & 0 & 0 \end{pmatrix}$ について，$\mathrm{Ker}\ A, A\ \mathrm{Ker}\ A^2, A^2\ \mathrm{Ker}\ A^3$ を求めよ．

8.5 8 章章末問題

R^n の k 個のベクトル $\boldsymbol{a}_1, \boldsymbol{a}_2, \cdots, \boldsymbol{a}_k$ を横に並べて両側から括弧で挟んだ $\begin{pmatrix} \boldsymbol{a}_1 & \boldsymbol{a}_2 & \cdots & \boldsymbol{a}_k \end{pmatrix}$ はそのまま $n \times k$ 行列とみることができて便利である．この方法を用いると，ベクトルの 1 次結合は

$$x_1\boldsymbol{a}_1 + x_2\boldsymbol{a}_2 + \cdots + x_k\boldsymbol{a}_k = \begin{pmatrix} \boldsymbol{a}_1 & \boldsymbol{a}_2 & \cdots & \boldsymbol{a}_k \end{pmatrix} \begin{pmatrix} x_1 \\ x_2 \\ \vdots \\ x_k \end{pmatrix}$$

と表わせるが，右辺をそのまま展開するとベクトルの定数倍 $c\boldsymbol{a}$ を $\boldsymbol{a}c$ と逆の順序に表すことになる．このことを許容しても問題は起こらない．次の問題は問題そのものにこの方法を用いている．

問題 8.5. $\boldsymbol{a}_1, \boldsymbol{a}_2, \cdots, \boldsymbol{a}_k$ を R^n の k 個のベクトルからなる 1 次独立系とし，

$$A = \begin{pmatrix} a_{11} & a_{12} & \cdots & a_{1k} \\ a_{21} & a_{22} & \cdots & a_{2k} \\ \vdots & \vdots & \ddots & \vdots \\ a_{k1} & a_{k2} & \cdots & a_{kk} \end{pmatrix}$$

を $k \times k$ 実行列とするとき，

$$\begin{pmatrix} \boldsymbol{b}_1 & \boldsymbol{b}_2 & \cdots & \boldsymbol{b}_k \end{pmatrix} = \begin{pmatrix} \boldsymbol{a}_1 & \boldsymbol{a}_2 & \cdots & \boldsymbol{a}_k \end{pmatrix} A$$

で定まる k 個のベクトル $\boldsymbol{b}_1, \boldsymbol{b}_2, \cdots, \boldsymbol{b}_k$ が 1 次独立系であるための必要十分条件は A が正則行列であることを示せ．

第9章
固有値と固有ベクトル

9.1　2×2 行列の固有値と固有ベクトル

例 9.1. 2×2 行列 $A=\begin{pmatrix} 3 & 4 \\ 1 & 0 \end{pmatrix}$ を考える．

対角成分に $-\lambda$（ギリシャ文字のラムダを使う）を入れてできる 2 次の行列式は

$$\begin{vmatrix} 3-\lambda & 4 \\ 1 & 0-\lambda \end{vmatrix} = (3-\lambda)(-\lambda)-4=\lambda^2-3\lambda-4$$

と λ についての 2 次式になる．この 2 次式を行列 A の**固有多項式**という．また，固有多項式を 0 とおいて得られる方程式を行列 A の**特性方程式**，あるいは，**固有方程式**という．特性方程式を解くと，

$$\lambda^2-3\lambda-4=0$$

$$(\lambda-4)(\lambda+1)=0$$

となり，2 つの解 $\lambda=4,\ -1$ を得る．このようにして求めた λ の値を行列 A の**固有値**という．

次に，固有値 4 に対して，

$$\begin{pmatrix} 3 & 4 \\ 1 & 0 \end{pmatrix}\begin{pmatrix} x \\ y \end{pmatrix}=4\begin{pmatrix} x \\ y \end{pmatrix}$$

をみたす零ベクトルではないベクトル $\begin{pmatrix} x \\ y \end{pmatrix}$ を求める．そのようなベクトルを行列 A の固有値 4 に対する**固有ベクトル**と呼ぶ．

上の等式に対応する斉次型連立 1 次方程式

$$\begin{cases} 3x + 4y = 4x \\ x \qquad\quad = 4y \end{cases}$$

を解いて固有ベクトルを求める．どちらの等式からも $x = 4y$ が得られるので，これをみたすもの，たとえば，$y = 1$ とおいたとき，$x = 4$ だから，

$$\begin{pmatrix} 3 & 4 \\ 1 & 0 \end{pmatrix} \begin{pmatrix} 4 \\ 1 \end{pmatrix} = 4 \times \begin{pmatrix} 4 \\ 1 \end{pmatrix}$$

がなりたっている．したがって，ベクトル $\boldsymbol{a}_1 = \begin{pmatrix} 4 \\ 1 \end{pmatrix}$ は行列 A の固有値 4 に対する固有ベクトルである．もちろん，このベクトル $\boldsymbol{a}_1$ に 0 でない数をかけてできるベクトルも固有ベクトルである．

同様に，固有値 -1 に対する固有ベクトルを求めると，

$$\begin{pmatrix} 3 & 4 \\ 1 & 0 \end{pmatrix} \begin{pmatrix} x \\ y \end{pmatrix} = -1 \times \begin{pmatrix} x \\ y \end{pmatrix}$$

より，

$$\begin{cases} 3x + 4y = -x \\ x \qquad\quad = -y \end{cases}$$

$x = -y$ をみたすもの，たとえば，$y = -1$ のとき $x = 1$ だから，

$$\begin{pmatrix} 3 & 4 \\ 1 & 0 \end{pmatrix} \begin{pmatrix} 1 \\ -1 \end{pmatrix} = - \begin{pmatrix} 1 \\ -1 \end{pmatrix}$$

すなわち，$\boldsymbol{a}_2 = \begin{pmatrix} 1 \\ -1 \end{pmatrix}$ は行列 A の固有値 -1 に対する固有ベクトルである．

このように正方行列の固有値と固有ベクトルを求めた．特性方程式の解である固有値に対応する係数行列の行列式の値は 0 だから，その係数行列から定まる斉次連立 1 次方程式は自明な解のほかに解がある．その自明な解と異なる解が固有ベクトルである．したがって，固有値に対してしか固有ベクトルを求めることができない．固有ベクトルの取り方は一通りではない．

上で求めた 2 つの固有ベクトルを並べてつくった 2 × 2 行列を

$$D = \begin{pmatrix} \boldsymbol{a}_1 & \boldsymbol{a}_2 \end{pmatrix} = \begin{pmatrix} 4 & 1 \\ 1 & -1 \end{pmatrix}$$

とおき，2 つの固有値を対角線上に並べた 2×2 行列を

$$\Lambda = \begin{pmatrix} 4 & 0 \\ 0 & -1 \end{pmatrix}$$

とおくと（記号 Λ はギリシャ文字ラムダの大文字），

$$\begin{aligned} A \begin{pmatrix} \boldsymbol{a}_1 & \boldsymbol{a}_2 \end{pmatrix} &= \begin{pmatrix} A\boldsymbol{a}_1 & A\boldsymbol{a}_2 \end{pmatrix} \\ &= \begin{pmatrix} 4 \times \boldsymbol{a}_1 & -1 \times \boldsymbol{a}_2 \end{pmatrix} \\ &= \begin{pmatrix} \boldsymbol{a}_1 & \boldsymbol{a}_2 \end{pmatrix} \begin{pmatrix} 4 & 0 \\ 0 & -1 \end{pmatrix} \end{aligned}$$

つまり，

$$AD = D\Lambda$$

がなりたっている．さらにこの行列 D は逆行列を持ち，計算すると逆行列は，

$$D^{-1} = \begin{pmatrix} \frac{1}{5} & \frac{1}{5} \\ \frac{1}{5} & -\frac{4}{5} \end{pmatrix}$$

である，つまり，

$$DD^{-1} = \begin{pmatrix} 4 & 1 \\ 1 & -1 \end{pmatrix} \begin{pmatrix} \frac{1}{5} & \frac{1}{5} \\ \frac{1}{5} & -\frac{4}{5} \end{pmatrix} = \begin{pmatrix} 1 & 0 \\ 0 & 1 \end{pmatrix}$$

がなりたっている．

$AD = D\Lambda$ の両辺に左から D^{-1} をかけると，$ADD^{-1} = D\Lambda D^{-1}$ となり，DD^{-1} は単位行列だから，

$$A = D\Lambda D^{-1}$$

がなりたつ．この等式を行列の**正則行列による対角化**という．正則行列とはその行列式の値が 0 ではない行列，すなわち，逆行列を持つ行列のことであった．

正則行列による対角化の等式を用いると，

$$A^2 = A \times A = D\Lambda D^{-1} D\Lambda D^{-1} = D\Lambda\Lambda D^{-1} = D\Lambda^2 D^{-1}$$

$$A^3 = A \times A \times A = D\Lambda D^{-1} D\Lambda D^{-1} D\Lambda D^{-1} = D\Lambda^3 D^{-1}$$

n を自然数とするとき，

$$A^n = D\Lambda^n D^{-1} = \begin{pmatrix} 4 & 1 \\ 1 & -1 \end{pmatrix} \begin{pmatrix} 4^n & 0 \\ 0 & (-1)^n \end{pmatrix} \begin{pmatrix} \frac{1}{5} & \frac{1}{5} \\ \frac{1}{5} & -\frac{4}{5} \end{pmatrix}$$

右辺を計算すると

$$\begin{pmatrix} 3 & 4 \\ 1 & 0 \end{pmatrix}^n = \begin{pmatrix} \frac{4^{n+1}+(-1)^n}{5} & \frac{4^{n+1}-4\times(-1)^n}{5} \\ \frac{4^n+(-1)^{n+1}}{5} & \frac{4^n+4\times(-1)^n}{5} \end{pmatrix}$$

となり，行列 A の n 乗 A^n が計算できた．

このように正方行列をその固有値・固有ベクトルを用いて正則行列による対角化ができれば，n 乗の計算ができる．

問題 9.1. 2×2 行列 $\begin{pmatrix} 5 & -1 \\ -4 & 2 \end{pmatrix}$ について

(1) 固有値，固有ベクトルを求めよ．

(2) n 乗を求めよ．

例題 9.1. 2×2 行列 $\begin{pmatrix} 5 & -2 \\ 2 & 1 \end{pmatrix}$ の固有値と固有ベクトルを求めよ．

【解答】 この行列の特性方程式は

$$\begin{vmatrix} 5-\lambda & -2 \\ 2 & 1-\lambda \end{vmatrix} = 0$$

$$(5-\lambda)(1-\lambda)+4=0$$

$$\lambda^2 - 6\lambda + 9 = 0$$

$$(\lambda-3)^2 = 0$$

したがって，固有値は 3 のみの 1 個である．

固有ベクトルを求める．

$$\begin{pmatrix} 5 & -2 \\ 2 & 1 \end{pmatrix}\begin{pmatrix} x \\ y \end{pmatrix} = 3 \times \begin{pmatrix} x \\ y \end{pmatrix}$$

これより，$x = y$ が導かれる．$y = 1$ のとき $x = 1$ だから，

$$\begin{pmatrix} 5 & -2 \\ 2 & 1 \end{pmatrix}\begin{pmatrix} 1 \\ 1 \end{pmatrix} = 3 \times \begin{pmatrix} 1 \\ 1 \end{pmatrix}$$

がなりたつ．固有ベクトル $\begin{pmatrix} 1 \\ 1 \end{pmatrix}$ の定数倍もまた，固有ベクトルであるが，このベクトルの定数倍のベクトル以外には固有ベクトルが存在しないので，この行列は正則行列による対角化はできない．■

例題 9.2. 2×2 行列 $\begin{pmatrix} 2 & -5 \\ 1 & -2 \end{pmatrix}$ の固有値と固有ベクトルを求めよ．

【解答】 この行列の特性方程式は

$$\begin{vmatrix} 2-\lambda & -5 \\ 1 & -2-\lambda \end{vmatrix} = 0$$

$$(2-\lambda)(-2-\lambda) + 5 = 0$$

$$\lambda^2 = -1$$

したがって，解は $\lambda = i,\ -i$ となる．この行列の固有値は複素数であり，固有ベクトルも複素数を成分とするベクトル（複素数ベクトル）になる．■

9.2 線形システム（2）

例 9.2. 次のようなシステムを考える．状態 A と状態 B の 2 つの分量をもった状態がある．1ヶ月後には，状態 A の分量のうち割合 p で状態 B に変化し，残りの割合 $1-p$ が状態 A のままに留まる．状態 B の分量のうち割合 q で状態 A に変化し，残りの割合 $1-q$ が状態 B に留まる．ここで，$p,\ q$ は $0 < p < 1,\ 0 < q < 1$ をみたすものとする．最初の状態 A と状態 B の分量をそれぞれ $x_0,\ y_0$ とし，

1ヶ月後の状態Aの分量と状態Bの分量をそれぞれ x_1, y_1 とすれば,

$$x_1 = (1-p)x_0 + qy_0$$

$$y_1 = px_0 + (1-q)y_1$$

がなりたつ．これを行列を用いて表せば,

$$\begin{pmatrix} x_1 \\ y_1 \end{pmatrix} = \begin{pmatrix} 1-p & q \\ p & 1-q \end{pmatrix} \begin{pmatrix} x_0 \\ y_0 \end{pmatrix}$$

となる．nヶ月後の状態Aの分量と状態Bの分量をそれぞれ x_n, y_n とすると,

$$\begin{pmatrix} x_n \\ y_n \end{pmatrix} = \begin{pmatrix} 1-p & q \\ p & 1-q \end{pmatrix}^n \begin{pmatrix} x_0 \\ y_0 \end{pmatrix}$$

となる．

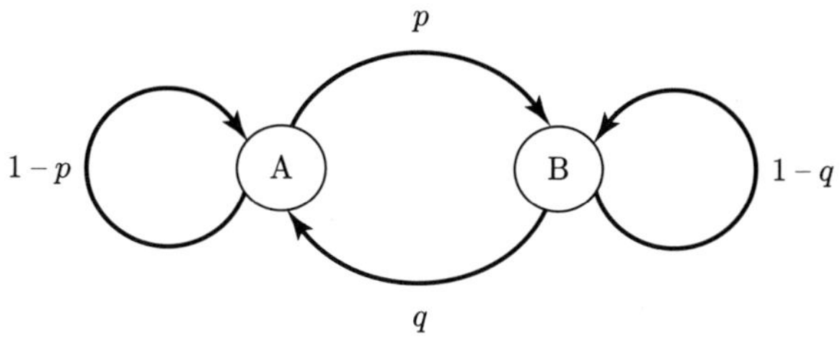

図 9.1 線形システム

計算は電子ファイルに示すが，行列 $A = \begin{pmatrix} 1-p & q \\ p & 1-q \end{pmatrix}$ の固有値，固有ベクトルを求めると，A は正則行列による対角化ができたので，A^n を計算できて,

$$\begin{aligned}\begin{pmatrix} x_n \\ y_n \end{pmatrix} &= \begin{pmatrix} 1-p & q \\ p & 1-q \end{pmatrix}^n \begin{pmatrix} x_0 \\ y_0 \end{pmatrix} \\ &= \frac{1}{p+q}\begin{pmatrix} q+p(1-p-q)^n & q-q(1-p-q)^n \\ p-p(1-p-q)^n & p+q(1-p-q)^n \end{pmatrix}\begin{pmatrix} x_0 \\ y_0 \end{pmatrix} \\ &= \frac{1}{p+q}\begin{pmatrix} q(x_0+y_0)+(px_0-qy_0)(1-p-q)^n \\ p(x_0+y_0)+(-px_0+qy_0)(1-p-q)^n \end{pmatrix}\end{aligned}$$

となる．$-1 < 1-p-q < 1$ だから，n を大きくしていったとき，$(1-p-q)^n$ は 0 に近づく．したがって，$\begin{pmatrix} x_n \\ y_n \end{pmatrix}$ は $\begin{pmatrix} \frac{q}{p+q}(x_0+y_0) \\ \frac{p}{p+q}(x_0+y_0) \end{pmatrix}$ に近づく．つまり，x_n と y_n の比は，最初の x_0, y_0 に関係なく q 対 p に近づいていく．つまり，最初の割合に関係しないという結論が得られた．この例は第 1 章の線形システムを一般化したものである．

9.3　$n \times n$ 行列の固有値と固有ベクトル

$n \times n$ 行列 $A = \begin{pmatrix} a_{11} & a_{12} & \cdots & a_{1n} \\ a_{21} & a_{22} & \cdots & a_{2n} \\ \vdots & \vdots & \ddots & \vdots \\ a_{n1} & a_{n2} & \cdots & a_{nn} \end{pmatrix}$ に対して，$n \times 1$ 行列

$\boldsymbol{a} = \begin{pmatrix} a_1 \\ a_2 \\ \vdots \\ a_n \end{pmatrix} \neq \begin{pmatrix} 0 \\ 0 \\ \vdots \\ 0 \end{pmatrix}$ が

$$A\boldsymbol{a} = \lambda\boldsymbol{a}$$

をみたすとき，λ を A の**固有値**といい，$\boldsymbol{a}$ を A の固有値 λ に対応する**固有ベクトル**という．

固有値を求めるためには λ についての n 次方程式

$$\begin{vmatrix} a_{11}-\lambda & a_{12} & \cdots & a_{1n} \\ a_{21} & a_{22}-\lambda & \cdots & a_{2n} \\ \vdots & \vdots & \ddots & \vdots \\ a_{n1} & a_{n2} & \cdots & a_{nn}-\lambda \end{vmatrix} = 0$$

の解を求めればよい．この方程式の左辺を A の**特性多項式**，この方程式を A の**特性方程式**という．2×2 行列のときに見たように，固有値は必ずしも実数ではないし，固有ベクトルは必ずしも実ベクトルではない．

例題 9.3. 3×3 行列 $A = \begin{pmatrix} 0 & -1 & 1 \\ -2 & -1 & 2 \\ -4 & -4 & 5 \end{pmatrix}$ について

(1) 固有値，固有ベクトルを求めよ．

(2) n 乗を求めよ．

【解答】 (1) 特性方程式は

$$\begin{vmatrix} 0-\lambda & -1 & 1 \\ -2 & -1-\lambda & 2 \\ -4 & -4 & 5-\lambda \end{vmatrix} = -\lambda^3 + 4\lambda^2 - 5\lambda + 2 = -(\lambda-2)(\lambda-1)^2 = 0$$

だから，固有値は 2 と 1 である．

固有値 1 に対応する固有ベクトルを求める．

$\begin{pmatrix} 0 & -1 & 1 \\ -2 & -1 & 2 \\ -4 & -4 & 5 \end{pmatrix} \begin{pmatrix} x \\ y \\ z \end{pmatrix} = \begin{pmatrix} x \\ y \\ z \end{pmatrix}$ より，$z = x + y$ を得るから，

$\begin{pmatrix} x \\ y \\ z \end{pmatrix} = \begin{pmatrix} x \\ y \\ x+y \end{pmatrix} = x \begin{pmatrix} 1 \\ 0 \\ 1 \end{pmatrix} + y \begin{pmatrix} 0 \\ 1 \\ 1 \end{pmatrix}$ となる．ゆえに，$\begin{pmatrix} 1 \\ 0 \\ 1 \end{pmatrix}$ と $\begin{pmatrix} 0 \\ 1 \\ 1 \end{pmatrix}$ が固有ベクトルである．

固有値 2 に対応する固有ベクトルを求める．

$\begin{pmatrix} 0 & -1 & 1 \\ -2 & -1 & 2 \\ -4 & -4 & 5 \end{pmatrix}\begin{pmatrix} x \\ y \\ z \end{pmatrix} = 2\begin{pmatrix} x \\ y \\ z \end{pmatrix}$ より，$y = 2x, z = 4x$ を得るから，

$\begin{pmatrix} x \\ y \\ z \end{pmatrix} = \begin{pmatrix} x \\ 2x \\ 4x \end{pmatrix} = x\begin{pmatrix} 1 \\ 2 \\ 4 \end{pmatrix}$ となる．ゆえに，$\begin{pmatrix} 1 \\ 2 \\ 4 \end{pmatrix}$ が固有ベクトルである．

(2) $D = \begin{pmatrix} 1 & 0 & 1 \\ 0 & 1 & 2 \\ 1 & 1 & 4 \end{pmatrix}, \Lambda = \begin{pmatrix} 1 & 0 & 0 \\ 0 & 1 & 0 \\ 0 & 0 & 2 \end{pmatrix}$ とおくと，$AD = D\Lambda$, $A = D\Lambda D^{-1}$ がなりたつ．$D^{-1} = \begin{pmatrix} 2 & 1 & -1 \\ 2 & 3 & -2 \\ -1 & -1 & 1 \end{pmatrix}$ だから，

$$\begin{aligned} A^n &= D\Lambda^n D^{-1} \\ &= \begin{pmatrix} 1 & 0 & 1 \\ 0 & 1 & 2 \\ 1 & 1 & 4 \end{pmatrix}\begin{pmatrix} 1^n & 0 & 0 \\ 0 & 1^n & 0 \\ 0 & 0 & 2^n \end{pmatrix}\begin{pmatrix} 2 & 1 & -1 \\ 2 & 3 & -2 \\ -1 & -1 & 1 \end{pmatrix} \\ &= \begin{pmatrix} 1 & 0 & 2^n \\ 0 & 1 & 2^{n+1} \\ 1 & 1 & 2^{n+2} \end{pmatrix}\begin{pmatrix} 2 & 1 & -1 \\ 2 & 3 & -2 \\ -1 & -1 & 1 \end{pmatrix} \\ &= \begin{pmatrix} 2-2^n & 1-2^n & -1+2^n \\ 2-2^{n+1} & 3-2^{n+1} & -2+2^{n+1} \\ 4-2^{n+2} & 4-2^{n+2} & -3+2^{n+2} \end{pmatrix} \end{aligned}$$

■

問題 9.2. 3×3 行列 $\begin{pmatrix} 1 & 1 & 0 \\ 0 & 2 & 0 \\ 0 & 2 & 1 \end{pmatrix}$ について固有値と固有ベクトルを求めよ．

9.4　2×2 行列のジョルダン標準形

2×2 行列について次がなりたつ．

定理 9.1. （**2 × 2** 行列についてのハミルトン-ケーリーの定理）

2×2 行列 $A = \begin{pmatrix} a & b \\ c & d \end{pmatrix}$ の特性多項式

$$\begin{vmatrix} a-\lambda & b \\ c & d-\lambda \end{vmatrix} = \lambda^2 - (a+d)\lambda + (ad-bc)$$

の変数 λ に A を代入した行列について

$$A^2 - (a+d)A + (ad-bc)E = O$$

がなりたつ．ここで $O = \begin{pmatrix} 0 & 0 \\ 0 & 0 \end{pmatrix}$（零行列），$E = \begin{pmatrix} 1 & 0 \\ 0 & 1 \end{pmatrix}$（単位行列）である．

証明. $A^2 - (a+d)A + (ad-bc)E$

$$= \begin{pmatrix} a^2+bc & ab+bd \\ ac+cd & bc+d^2 \end{pmatrix} - (a+d)\begin{pmatrix} a & b \\ c & d \end{pmatrix} + (ad-bc)\begin{pmatrix} 1 & 0 \\ 0 & 1 \end{pmatrix}$$

$$= \begin{pmatrix} a^2+bc-(a+d)a+(ad-bc) & ab+bd-(a+d)b \\ ac+cd-(a+d)c & bc+d^2-(a+d)d+(ad-bc) \end{pmatrix}$$

$$= \begin{pmatrix} 0 & 0 \\ 0 & 0 \end{pmatrix}$$

（証明終）

2×2 行列 $A = \begin{pmatrix} a & b \\ c & d \end{pmatrix}$ の 2 つの固有値は異なる場合と一致する場合がある．このうち，一致する場合については，固有値を λ とすれば，定理 9.1 より，$(A - \lambda E)^2 = O$ がなりたち，それには，$A - \lambda E = O$ の場合と，$A - \lambda E \neq O$ の場合がある．次の定理はこのことを用いている．

定理 9.2. 2×2 行列 $A = \begin{pmatrix} a & b \\ c & d \end{pmatrix}$ の2つの固有値が実数であるとき，それらを λ_1, λ_2 とすると，次がなりたつ．

(1)　$\lambda_1 \neq \lambda_2$ のとき，すなわち，2つの固有値が異なるとき，

$$A\boldsymbol{a}_1 = \lambda \boldsymbol{a}_1, \quad \boldsymbol{a}_1 \neq \boldsymbol{0}, \quad A\boldsymbol{a}_2 = \lambda_2 \boldsymbol{a}_2, \quad \boldsymbol{a}_2 \neq \boldsymbol{0}$$

とすると，2つの固有ベクトル $\boldsymbol{a}_1, \boldsymbol{a}_2$ は1次独立系である．

(2)　$\lambda_1 = \lambda_2 = \lambda$ で $A - \lambda E = O$ のとき，すべての R^2 の1次独立系 $\boldsymbol{a}_1, \boldsymbol{a}_2$ について，$A\boldsymbol{a}_1 = \lambda \boldsymbol{a}_1, A\boldsymbol{a}_2 = \lambda \boldsymbol{a}_2$ がなりたつ．

(3)　$\lambda_1 = \lambda_2 = \lambda$ で $A - \lambda E \neq O$ のとき，$(A - \lambda E)\boldsymbol{a}_2 \neq \boldsymbol{0}$ をみたすベクトル $\boldsymbol{a}_2$ について，$\boldsymbol{a}_1 = (A - \lambda E)\boldsymbol{a}_2$ と置けば，$\boldsymbol{a}_1, \boldsymbol{a}_2$ は1次独立系であり，$A\boldsymbol{a}_1 = \lambda \boldsymbol{a}_1, A\boldsymbol{a}_2 = \boldsymbol{a}_1 + \lambda \boldsymbol{a}_2$ がなりたつ．

いずれの場合も $\boldsymbol{a}_1, \boldsymbol{a}_2$ は1次独立系であり，それぞれ

$$A \begin{pmatrix} \boldsymbol{a}_1 & \boldsymbol{a}_2 \end{pmatrix} = \begin{pmatrix} \boldsymbol{a}_1 & \boldsymbol{a}_2 \end{pmatrix} \begin{pmatrix} \lambda_1 & 0 \\ 0 & \lambda_2 \end{pmatrix}$$

$$A \begin{pmatrix} \boldsymbol{a}_1 & \boldsymbol{a}_2 \end{pmatrix} = \begin{pmatrix} \boldsymbol{a}_1 & \boldsymbol{a}_2 \end{pmatrix} \begin{pmatrix} \lambda & 0 \\ 0 & \lambda \end{pmatrix}$$

$$A \begin{pmatrix} \boldsymbol{a}_1 & \boldsymbol{a}_2 \end{pmatrix} = \begin{pmatrix} \boldsymbol{a}_1 & \boldsymbol{a}_2 \end{pmatrix} \begin{pmatrix} \lambda & 1 \\ 0 & \lambda \end{pmatrix}$$

がなりたっている．これらを 2×2 行列の**ジョルダン標準形**という．

証明. (1)　$\boldsymbol{a}_1, \boldsymbol{a}_2$ が1次独立系であることを示すために，ベクトルについての方程式 $x_1\boldsymbol{a}_1 + x_2\boldsymbol{a}_2 = \boldsymbol{0}$ を考える．$x_1A\boldsymbol{a}_1 + x_2A\boldsymbol{a}_2 = A\boldsymbol{0}$ だから，$x_1\lambda_1\boldsymbol{a}_1 + x_2\lambda_2\boldsymbol{a}_2 = \boldsymbol{0}$ を得る．この等式の両辺から，最初の等式の両辺に λ_2 を掛けたものを引くと，$x_1(\lambda_1 - \lambda_2)\boldsymbol{a}_1 = \boldsymbol{0}$ となり，$(\lambda_1 - \lambda_2)\boldsymbol{a}_1 \neq \boldsymbol{0}$ だから，$x_1 = 0$ となる．$x_2 = 0$ ともなるから，$\boldsymbol{a}_1, \boldsymbol{a}_2$ は1次独立系である．

(2)　明らかである．

(3)　$(A - \lambda E)\boldsymbol{a}_1 = (A - \lambda E)^2\boldsymbol{a}_2 = O\boldsymbol{a}_2 = \boldsymbol{0}$ だから，$A\boldsymbol{a}_1 = \lambda \boldsymbol{a}_1$ を得る．

$\boldsymbol{a}_1 = A\boldsymbol{a}_2 - \lambda\boldsymbol{a}_2$ より，$A\boldsymbol{a}_2 = \boldsymbol{a}_1 + \lambda\boldsymbol{a}_2$ を得る．

$\boldsymbol{a}_1, \boldsymbol{a}_2$ が 1 次独立系であることを示すために，ベクトルについての方程式 $x_1\boldsymbol{a}_1 + x_2\boldsymbol{a}_2 = \boldsymbol{0}$ を考える．$x_1(A - \lambda E)\boldsymbol{a}_1 + x_2(A - \lambda E)\boldsymbol{a}_2 = (A - \lambda E)\boldsymbol{0}$ だから，$\boldsymbol{0} + x_2\boldsymbol{a}_1 = \boldsymbol{0}$ となり，$x_2 = 0$ を得る．$x_1 = 0$ も得るので，$\boldsymbol{a}_1, \boldsymbol{a}_2$ は 1 次独立系である． （証明終）

例 9.3. 2 × 2 行列 $A = \begin{pmatrix} 5 & -2 \\ 2 & 1 \end{pmatrix}$ は例題 9.1 で見たように固有値は 3 だけで，固有ベクトルも 1 個だけであるので対角化できなかった．この行列についてジョルダン標準形を調べてみる．

$A - 3E = \begin{pmatrix} 2 & -2 \\ 2 & -2 \end{pmatrix}$ だから，$\boldsymbol{a}_2 = \begin{pmatrix} 1 \\ 0 \end{pmatrix}$ とおくと，$\boldsymbol{a}_1 = (A - 3E)\boldsymbol{a}_2 = \begin{pmatrix} 2 & -2 \\ 2 & -2 \end{pmatrix}\begin{pmatrix} 1 \\ 0 \end{pmatrix} = \begin{pmatrix} 2 \\ 2 \end{pmatrix}$ となる．

$$A\boldsymbol{a}_1 = \begin{pmatrix} 5 & -2 \\ 2 & 1 \end{pmatrix}\begin{pmatrix} 2 \\ 2 \end{pmatrix} = \begin{pmatrix} 6 \\ 6 \end{pmatrix} = 3\boldsymbol{a}_1$$

$$A\boldsymbol{a}_2 = \begin{pmatrix} 5 & -2 \\ 2 & 1 \end{pmatrix}\begin{pmatrix} 1 \\ 0 \end{pmatrix} = \begin{pmatrix} 5 \\ 2 \end{pmatrix} = \boldsymbol{a}_1 + 3\boldsymbol{a}_2$$

$$A\begin{pmatrix} \boldsymbol{a}_1 & \boldsymbol{a}_2 \end{pmatrix} = \begin{pmatrix} \boldsymbol{a}_1 & \boldsymbol{a}_2 \end{pmatrix}\begin{pmatrix} 3 & 1 \\ 0 & 3 \end{pmatrix}$$

となり，ジョルダン標準形を得た．

$D = \begin{pmatrix} \boldsymbol{a}_1 & \boldsymbol{a}_2 \end{pmatrix} = \begin{pmatrix} 2 & 1 \\ 2 & 0 \end{pmatrix}$ とおくと，$D^{-1} = \begin{pmatrix} 0 & \frac{1}{2} \\ 1 & -1 \end{pmatrix}$ であり，

$A = D\begin{pmatrix} 3 & 1 \\ 0 & 3 \end{pmatrix}D^{-1}$ だから，自然数 n について，

$\begin{pmatrix} \lambda & 1 \\ 0 & \lambda \end{pmatrix}^n = \begin{pmatrix} \lambda^n & n\lambda^{n-1} \\ 0 & \lambda^n \end{pmatrix}$ となること（問題 1.7）を用いると，

$$A^n = \begin{pmatrix} 2 & 1 \\ 2 & 0 \end{pmatrix} \begin{pmatrix} 3^n & n3^{n-1} \\ 0 & 3^n \end{pmatrix} \begin{pmatrix} 0 & \frac{1}{2} \\ 1 & -1 \end{pmatrix}$$

$$= \begin{pmatrix} (2n+3)3^{n-1} & -2n3^{n-1} \\ 2n3^{n-1} & (3-2n)3^{n-1} \end{pmatrix}$$

となり，A^n を求めることができた．

9.5　共役転置行列と複素数ベクトル

2 次方程式は複素数の範囲で考えると，解の公式が使える．つまり，どんな 2 次方程式でも解を求めることができる．正方行列についても，たとえ，実正方行列であっても複素数の範囲で考えると，どんな正方行列についても固有値や固有ベクトルを考えることができる．したがって，行列についても，複素数の範囲で考えることが，かえって制約がなくなり，扱いやすくなる．

複素数 $z = x + iy$ に対して，複素数 $x - yi$ を z の**共役複素数**といい，$\overline{z}$ で表す．$z = x + iy$ に対して，

$$z\overline{z} = (x + iy)(x - yi) = x^2 + y^2 \geqq 0$$

がなりたつ．

$\sqrt{z\overline{z}}$ を複素数 z の**絶対値**といい，記号 $|z|$ で表す．

$$|z| = \sqrt{z\overline{z}} = \sqrt{x^2 + y^2}$$

複素行列 C の各成分の共役複素数をとって転置させてできる行列を C の**共役転置行列**といい，記号 C^* で表す．

例題 9.4. 次の複素行列の共役転置行列を求めよ．

(1) $\begin{pmatrix} 2+3i \\ 3-i \\ 4 \end{pmatrix}$　　(2) $\begin{pmatrix} 1+i & 3-2i & -2 \\ 2+4i & 3 & i \\ -2 & 3i & 2+3i \end{pmatrix}$

【解答】 (1) $\begin{pmatrix} 2+3i \\ 3-i \\ 4 \end{pmatrix}^* = \begin{pmatrix} 2-3i & 3+i & 4 \end{pmatrix}$

(2) $\begin{pmatrix} 1+i & 3-2i & -2 \\ 2+4i & 3 & i \\ -2 & 3i & 2+3i \end{pmatrix}^* = \begin{pmatrix} 1-i & 2-4i & -2 \\ 3+2i & 3 & -3i \\ -2 & -i & 2-3i \end{pmatrix}$ ■

複素行列の積と共役転置の間には

$$(CD)^* = D^*C^*$$

の関係がなりたつ．

$n \times 1$ 複素行列を**複素 数ベクトル**といい，その全体を記号 C^n で表す．C^n においても複素 数ベクトルの和および複素数倍を考えることができるので，**複素 数ベクトル空間**という．複素 数ベクトル空間 C^n においては，R^n と同様に，1 次結合，1 次独立系，1 次従属系，部分ベクトル空間，次元などの議論ができる．これまで使った数ベクトルは，**実 数ベクトル**のことである．

9.6　ジョルダン標準化可能定理

$n \times n$ 行列 A に対して，p 個のベクトル $\boldsymbol{a}_1, \boldsymbol{a}_2, \cdots, \boldsymbol{a}_p$ が A の**高さ** p **のジョルダン系列**であるとは，ある数 λ について，

$$(A-\lambda E)\boldsymbol{a}_p = \boldsymbol{a}_{p-1}, \quad (A-\lambda E)\boldsymbol{a}_{p-1} = \boldsymbol{a}_{p-2}, \quad \cdots, \\ (A-\lambda E)\boldsymbol{a}_2 = \boldsymbol{a}_1 \neq \boldsymbol{0}, \quad (A-\lambda E)\boldsymbol{a}_1 = \boldsymbol{0}$$

をみたすことである．このとき，ベクトル $\boldsymbol{a}_1, \boldsymbol{a}_2, \cdots, \boldsymbol{a}_p$ を順にこのジョルダン系列の**第 1 層ベクトル**，第 2 層ベクトル，…，第 p 層ベクトルという．また，第 p 層ベクトルを（$p=1$ のときを含めて）このジョルダン系列の**最高層ベクトル**という．

このジョルダン系列について，$A\boldsymbol{a}_1 = \lambda\boldsymbol{a}_1$ がなりたつので，λ は A の固有値であり，ジョルダン系列に対して唯一つ定まる．なぜなら，μ についても，

$A\boldsymbol{a}_1 = \mu\boldsymbol{a}_1$ がなりたつならば，$\mu\boldsymbol{a}_1 = \lambda\boldsymbol{a}_1$，　$(\mu-\lambda)\boldsymbol{a}_1 = \boldsymbol{0}$ であり，$\boldsymbol{a}_1 \neq \boldsymbol{0}$ だから，$\mu - \lambda = 0$，　$\mu = \lambda$ となるからである.（なお，固有ベクトルについては，それに対応する固有値が定まるが，固有値については，それに対応する固有ベクトルが一つとは限らない.）λ をこのジョルダン系列の**固有値**という．つまり，ジョルダン系列には固有値が定まる.

このジョルダン系列について，

$$A\boldsymbol{a}_1 = \lambda\boldsymbol{a}_1, \quad A\boldsymbol{a}_2 = \lambda\boldsymbol{a}_2 + \boldsymbol{a}_1, \quad \cdots, \quad A\boldsymbol{a}_p = \lambda\boldsymbol{a}_p + \boldsymbol{a}_{p-1}$$

がなりたっている．これを行列で表せば，

$$A\begin{pmatrix} \boldsymbol{a}_1 & \boldsymbol{a}_2 & \cdots & \boldsymbol{a}_p \end{pmatrix} = \begin{pmatrix} \boldsymbol{a}_1 & \boldsymbol{a}_2 & \cdots & \boldsymbol{a}_p \end{pmatrix}\begin{pmatrix} \lambda & 1 & 0 & \cdots & 0 & 0 \\ 0 & \lambda & 1 & \cdots & 0 & 0 \\ 0 & 0 & \lambda & \ddots & 0 & 0 \\ \vdots & \vdots & \vdots & \ddots & \ddots & \vdots \\ 0 & 0 & 0 & \cdots & \lambda & 1 \\ 0 & 0 & 0 & \cdots & 0 & \lambda \end{pmatrix}$$

となる.

定理 9.2 の (1), (2) の場合はともに 2 つの高さ 1 のジョルダン系列からなる R^2 の基底が与えられ，(3) の場合は 1 つの高さ 2 のジョルダン系列からなる R^2 の基底が与えられている.

$n \times n$ 行列 A の固有値 λ に対して，$(A - \lambda E)\boldsymbol{x} = \boldsymbol{0}$ をみたすベクトル $\boldsymbol{x}$ の全体がつくる集合 $\mathrm{Ker}(A - \lambda E)$ を固有値 λ の**固有空間**という．また，$n \times n$ 行列 A の固有値 λ に対して，$(A - \lambda E)^i\boldsymbol{x} = \boldsymbol{0}$ をみたす自然数 i をもつベクトル $\boldsymbol{x}$ の全体がつくる集合を，A の固有値 λ の**広い意味の固有空間**といい，本書においては，記号 $W_\lambda(A)$ で表すことにする.

定理 9.3. A を $n \times n$ 行列とする.

(1)　A の固有値 λ について，

$$W_\lambda(A) = \mathrm{Ker}(A - \lambda E)^n$$

がなりたつ．したがって，$W_\lambda(A)$ は部分ベクトル空間である．

(2)　$\lambda_1, \lambda_2, \cdots, \lambda_q$ を A の相異なる固有値とするとき，
$W_{\lambda_1}(A), W_{\lambda_2}(A), \cdots, W_{\lambda_q}(A)$ は互いに 1 次独立である．

証明のために，ジョルダン系列や広い意味の固有空間の性質を調べる必要がある．証明は電子ファイルで示す．

$n \times n$ 行列 A について，部分ベクトル空間 V が $AV \subset V$ をみたすとき，V は**A-不変**であるという．A-不変な部分ベクトル空間 V の基底が有限個のジョルダン系列からできているとき，V の**ジョルダン基底**という．

ジョルダン標準化可能定理と呼ばれる次の定理がなりたつ．

定理 9.4.（ジョルダン標準化可能定理）
$n \times n$ 行列 A について，C^n（A の固有値がすべて実数ならば，R^n）のジョルダン基底が存在する．

帰納法による証明を電子ファイルで示す．

定理 9.4 より次の定理が導かれる．

定理 9.5. $n \times n$ 行列 A の相異なる固有値の全体を $\lambda_1, \lambda_2, \cdots, \lambda_q$ とするとき，次の (1), (2) がなりたつ．

(1)

$$\mathrm{C}^n = W_{\lambda_1}(A) \oplus W_{\lambda_2}(A) \oplus \cdots \oplus W_{\lambda_q}(A)$$

がなりたつ．

(2)　$k = 1, 2, \cdots, q$ について，広い意味の固有空間 $W_{\lambda_k}(A)$ にジョルダン基底が存在する．

証明. (1)　定理 9.4 より，C^n のジョルダン基底が存在する．そのジョルダン基底のベクトルのうち固有値 λ_k のもの全体を記号 H_{λ_k} で表し，H_{λ_k} が張る部

分ベクトル空間を記号 $\mathrm{L}(H_{\lambda_k})$ で表すと，$H_{\lambda_k} \subset W_{\lambda_k}(A)$ だから，

$$\begin{aligned}\mathrm{C}^n = \mathrm{L}\Big(\bigcup_{k=1}^{q} H_{\lambda_k}\Big) &\subset \mathrm{L}(H_{\lambda_1}) + \mathrm{L}(H_{\lambda_2}) + \cdots + \mathrm{L}(H_{\lambda_q}) \\ &\subset W_{\lambda_1}(A) + W_{\lambda_2}(A) + \cdots + W_{\lambda_q}(A)\end{aligned}$$

がなりたつ．したがって，

$$\mathrm{C}^n = W_{\lambda_1}(A) + W_{\lambda_2}(A) + \cdots + W_{\lambda_q}(A)$$

がなりたつ．定理 9.3(2) より，$W_{\lambda_1}(A), W_{\lambda_2}(A), \cdots, W_{\lambda_q}(A)$ は互いに 1 次独立だから，

$$\mathrm{C}^n = W_{\lambda_1}(A) \oplus W_{\lambda_2}(A) \oplus \cdots \oplus W_{\lambda_q}(A)$$

がなりたつ．

(2) (1) より，$\mathrm{L}(H_{\lambda_k}) = W_{\lambda_k}(A)$，すなわち，$H_{\lambda_k}$ は $W_{\lambda_k}(A)$ のジョルダン基底である．（証明終）

さらに，次の定理がなりたつ．

定理 9.6. $n \times n$ 行列 A の相異なる固有値の全体を $\lambda_1, \lambda_2, \cdots, \lambda_q$ とする．また，各 $k = 1, 2, \cdots, q$ について，$W_{\lambda_k}(A)$ のジョルダン基底を構成するジョルダン系列の高さの最大値を ℓ_k とし，$W_{\lambda_k}(A)$ の次元を m_k とするとき，次の (1)〜(3) がなりたつ．

(1) $W_{\lambda_k}(A) = \mathrm{Ker}(A - \lambda_k E)^m$ をみたす自然数 m の最小値は ℓ_k である．

(2) $(A - \lambda_1 E)^{\ell_1}(A - \lambda_2 E)^{\ell_2} \cdots (A - \lambda_q E)^{\ell_q} = O$ がなりたつ．

(3) A の固有多項式は $(\lambda_1 - t)^{m_1}(\lambda_2 - t)^{m_2} \cdots (\lambda_q - t)^{m_q}$ である．

証明は電子ファイルで示す．

定理 9.6(3) より，一般の場合のハミルトン-ケーリーの定理の証明ができる．

定理 9.7. (ハミルトン-ケーリーの定理)
$n \times n$ 行列 A の特性多項式 $\chi_A(t) = |A - tE|$ の変数 t に行列 A を代入してできる行列について，$\chi_A(A) = O$ がなりたつ．

証明. $W_{\lambda_k}(A)$ の次元を m_k とするとき，定理 9.6(3) より，A の特性多項式は

$$(\lambda_1 - t)^{m_1}(\lambda_2 - t)^{m_2} \cdots (\lambda_q - t)^{m_q}$$

である．すべての $k = 1, 2, \cdots, q$ について，$\ell_k \leqq m_k$ がなりたつので，定理 9.6(2) より，

$$(A - \lambda_1 E)^{m_1}(A - \lambda_2 E)^{m_2} \cdots (A - \lambda_q E)^{m_q} = O$$

がなりたつ． (証明終)

9.7 ジョルダン標準化可能定理の別証明

前節において，ジョルダン標準化可能定理を数学的帰納法を用いて証明した．数学的帰納法を用いないで証明することもできる．証明は電子ファイルで示す．

9.8 ジョルダン標準化の例題

ジョルダン標準化可能定理の証明から，具体的な正方行列のジョルダン基底を求めるためには次の方針に従うのがよい．

(1) 固有値ごとに広い意味での固有空間のジョルダン基底を求める．

(2) 固有値 λ の広い意味での固有空間 $W_\lambda(A)$ のジョルダン基底を求める上では，基底の個数はその固有値の重複度であることを考慮しながら，電子ファイルで示す定理 9.4 の証明で（同じく電子ファイルで示す定理 9.5 の (2) の別証明の方がより明確に）見られるように，最も高い層のジョルダン系列からつくるのがよい．つまり，k が大きい順に $\mathrm{Ker}(A - \lambda E)^k$ に属するベクトルを選んでジョルダン系列をつくっていくとよい．ジョルダン系列をつくるにあたってベクトルの選び方は一通りではない．

例題 9.5. 行列 $\begin{pmatrix} -1 & 1 & 3 \\ -2 & 2 & 2 \\ -1 & 1 & 3 \end{pmatrix}$ のジョルダン基底を求め，k 乗を計算せよ．

【解答】 固有多項式は $\begin{vmatrix} -1-\lambda & 1 & 3 \\ -2 & 2-\lambda & 2 \\ -1 & 1 & 3-\lambda \end{vmatrix} = -\lambda(2-\lambda)^2$ だから，固有値は 0 と 2（2 重解）の 2 つである．

固有値 0 の広い意味の固有空間は 1 次元だから，高さ 1 のジョルダン系列が 1 つだけできる．

$$\mathrm{Ker}(A-0E) = \left\{ \begin{pmatrix} x_1 \\ x_2 \\ x_3 \end{pmatrix} \middle| \begin{pmatrix} -1 & 1 & 3 \\ -2 & 2 & 2 \\ -1 & 1 & 3 \end{pmatrix} \begin{pmatrix} x_1 \\ x_2 \\ x_3 \end{pmatrix} = \begin{pmatrix} 0 \\ 0 \\ 0 \end{pmatrix} \right\}$$
$$= \left\{ \begin{pmatrix} x_1 \\ x_2 \\ x_3 \end{pmatrix} \middle| x_3 = 0, x_1 = x_2 \right\} = \mathrm{L}(\begin{pmatrix} 1 \\ 1 \\ 0 \end{pmatrix})$$

$\boldsymbol{a}_1 = \begin{pmatrix} 1 \\ 1 \\ 0 \end{pmatrix}$ と置けば，$\boldsymbol{a}_1$ は固有値 0，高さ 1 のジョルダン系列である．

次に，固有値 2 の広い意味の固有空間は 2 次元だから，高さ 2 のジョルダン系列が存在する可能性がある．

$$\mathrm{Ker}(A-2E) = \left\{ \begin{pmatrix} x_1 \\ x_2 \\ x_3 \end{pmatrix} \middle| \begin{pmatrix} -3 & 1 & 3 \\ -2 & 0 & 2 \\ -1 & 1 & 1 \end{pmatrix} \begin{pmatrix} x_1 \\ x_2 \\ x_3 \end{pmatrix} = \begin{pmatrix} 0 \\ 0 \\ 0 \end{pmatrix} \right\}$$
$$= \left\{ \begin{pmatrix} x_1 \\ x_2 \\ x_3 \end{pmatrix} \middle| x_1 = x_3, x_2 = 0 \right\} = \mathrm{L}(\begin{pmatrix} 1 \\ 0 \\ 1 \end{pmatrix})$$

$$(A-2E)^2 = \begin{pmatrix} -3 & 1 & 3 \\ -2 & 0 & 2 \\ -1 & 1 & 1 \end{pmatrix}\begin{pmatrix} -3 & 1 & 3 \\ -2 & 0 & 2 \\ -1 & 1 & 1 \end{pmatrix} = \begin{pmatrix} 4 & 0 & -4 \\ 4 & 0 & -4 \\ 0 & 0 & 0 \end{pmatrix}$$ だから,

$$\mathrm{Ker}(A-2E)^2 = \left\{ \begin{pmatrix} x_1 \\ x_2 \\ x_3 \end{pmatrix} \mid \begin{pmatrix} 4 & 0 & -4 \\ 4 & 0 & -4 \\ 0 & 0 & 0 \end{pmatrix}\begin{pmatrix} x_1 \\ x_2 \\ x_3 \end{pmatrix} = \begin{pmatrix} 0 \\ 0 \\ 0 \end{pmatrix} \right\}$$

$$= \left\{ \begin{pmatrix} x_1 \\ x_2 \\ x_3 \end{pmatrix} \mid x_1 = x_3 \right\} = \mathrm{L}(\begin{pmatrix} 0 \\ 1 \\ 0 \end{pmatrix}, \begin{pmatrix} 1 \\ 0 \\ 1 \end{pmatrix})$$

$\mathrm{Ker}(A-2E)^2 \cap \left(\mathrm{Ker}(A-2E)\right)^c$（この記号は $\mathrm{Ker}(A-2E)^2$ に属するが $\mathrm{Ker}(A-2E)$ には属さないベクトルの集合を意味する）に属するベクトルとして，$\begin{pmatrix} 0 \\ 1 \\ 0 \end{pmatrix}$ を選べば,

$$(A-2E)\begin{pmatrix} 0 \\ 1 \\ 0 \end{pmatrix} = \begin{pmatrix} 4 & 0 & -4 \\ 4 & 0 & -4 \\ 0 & 0 & 0 \end{pmatrix}\begin{pmatrix} 0 \\ 1 \\ 0 \end{pmatrix} = \begin{pmatrix} 1 \\ 0 \\ 1 \end{pmatrix}$$

がなりたつから，$\boldsymbol{b}_1 = \begin{pmatrix} 1 \\ 0 \\ 1 \end{pmatrix}, \boldsymbol{b}_2 = \begin{pmatrix} 0 \\ 1 \\ 0 \end{pmatrix}$ は固有値 2，高さ 2 のジョルダン系列である．すなわち，$\boldsymbol{a}_1, \boldsymbol{b}_1, \boldsymbol{b}_2$ はジョルダン基底である．

$$\begin{pmatrix} -1 & 1 & 3 \\ -2 & 2 & 2 \\ -1 & 1 & 3 \end{pmatrix}\begin{pmatrix} \boldsymbol{a}_1 & \boldsymbol{b}_1 & \boldsymbol{b}_2 \end{pmatrix} = \begin{pmatrix} \boldsymbol{a}_1 & \boldsymbol{b}_1 & \boldsymbol{b}_2 \end{pmatrix}\begin{pmatrix} 0 & 0 & 0 \\ 0 & 2 & 1 \\ 0 & 0 & 2 \end{pmatrix}$$

$$\begin{pmatrix} \boldsymbol{a}_1 & \boldsymbol{b}_1 & \boldsymbol{b}_2 \end{pmatrix}^{-1} = \begin{pmatrix} 1 & 0 & -1 \\ 0 & 0 & 1 \\ -1 & 1 & 1 \end{pmatrix}$$

だから，問題 1.8 の解を用いると，

$$\begin{pmatrix} -1 & 1 & 3 \\ -2 & 2 & 2 \\ -1 & 1 & 3 \end{pmatrix}^k$$

$$= \begin{pmatrix} \boldsymbol{a}_1 & \boldsymbol{b}_1 & \boldsymbol{b}_2 \end{pmatrix} \begin{pmatrix} 0 & 0 & 0 \\ 0 & 2 & 1 \\ 0 & 0 & 2 \end{pmatrix}^k \begin{pmatrix} \boldsymbol{a}_1 & \boldsymbol{b}_1 & \boldsymbol{b}_2 \end{pmatrix}^{-1}$$

$$= \begin{pmatrix} 1 & 1 & 0 \\ 1 & 0 & 1 \\ 0 & 1 & 0 \end{pmatrix} \begin{pmatrix} 0 & 0 & 0 \\ 0 & 2^k & k2^{k-1} \\ 0 & 0 & 2^k \end{pmatrix} \begin{pmatrix} 1 & 0 & -1 \\ 0 & 0 & 1 \\ -1 & 1 & 1 \end{pmatrix}$$

$$= \begin{pmatrix} -k2^{k-1} & k2^{k-1} & 2^k + k2^{k-1} \\ -2^k & 2^k & 2^k \\ -k2^{k-1} & k2^{k-1} & -2^k + k2^{k-1} \end{pmatrix}$$

が得られる． ■

例題 9.6. 行列 $\begin{pmatrix} 1 & 0 & 3 \\ 1 & 0 & 2 \\ -1 & 1 & 2 \end{pmatrix}$ のジョルダン基底を求め，k 乗を計算せよ．

【解答】 固有多項式は

$$\begin{vmatrix} 1-\lambda & 0 & 3 \\ 1 & -\lambda & 2 \\ -1 & 1 & 2-\lambda \end{vmatrix} = (1-\lambda)^3$$

だから，固有値は 1（3 重解）のみであるので，高さ 3 のジョルダン系列ができる可能性がある．

$$(A-E)=\begin{pmatrix} 0 & 0 & 3 \\ 1 & -1 & 2 \\ -1 & 1 & 1 \end{pmatrix}$$

$$(A-E)^2=\begin{pmatrix} 0 & 0 & 3 \\ 1 & -1 & 2 \\ -1 & 1 & 1 \end{pmatrix}\begin{pmatrix} 0 & 0 & 3 \\ 1 & -1 & 2 \\ -1 & 1 & 1 \end{pmatrix}=\begin{pmatrix} -3 & 3 & 3 \\ -3 & 3 & 3 \\ 0 & 0 & 0 \end{pmatrix}$$

$$(A-E)^3=\begin{pmatrix} -3 & 3 & 3 \\ -3 & 3 & 3 \\ 0 & 0 & 0 \end{pmatrix}\begin{pmatrix} 0 & 0 & 3 \\ 1 & -1 & 2 \\ -1 & 1 & 1 \end{pmatrix}=\begin{pmatrix} 0 & 0 & 0 \\ 0 & 0 & 0 \\ 0 & 0 & 0 \end{pmatrix}$$

$$\begin{aligned}\mathrm{Ker}(A-E)^2 &= \left\{\begin{pmatrix} x_1 \\ x_2 \\ x_3 \end{pmatrix} \mid \begin{pmatrix} -3 & 3 & 3 \\ -3 & 3 & 3 \\ 0 & 0 & 0 \end{pmatrix}\begin{pmatrix} x_1 \\ x_2 \\ x_3 \end{pmatrix}=\begin{pmatrix} 0 \\ 0 \\ 0 \end{pmatrix}\right\} \\ &= \left\{\begin{pmatrix} x_1 \\ x_2 \\ x_3 \end{pmatrix} \mid x_1 = x_2 + x_3\right\}\end{aligned}$$

となる．$\mathrm{Ker}(A-E)^3=\mathrm{R}^3$ だから，$\mathrm{Ker}(A-E)^3 \cap \left(\mathrm{Ker}(A-E)^2\right)^c$ に属するベクトルとして，$\begin{pmatrix} 1 \\ 1 \\ 1 \end{pmatrix}$ を選べば,

$$(A-E)\begin{pmatrix} 1 \\ 1 \\ 1 \end{pmatrix}=\begin{pmatrix} 0 & 0 & 3 \\ 1 & -1 & 2 \\ -1 & 1 & 1 \end{pmatrix}\begin{pmatrix} 1 \\ 1 \\ 1 \end{pmatrix}=\begin{pmatrix} 3 \\ 2 \\ 1 \end{pmatrix}$$

$$(A-E)\begin{pmatrix} 3 \\ 2 \\ 1 \end{pmatrix}=\begin{pmatrix} 0 & 0 & 3 \\ 1 & -1 & 2 \\ -1 & 1 & 1 \end{pmatrix}\begin{pmatrix} 3 \\ 2 \\ 1 \end{pmatrix}=\begin{pmatrix} 3 \\ 3 \\ 0 \end{pmatrix}$$

$$(A-E)\begin{pmatrix}3\\3\\0\end{pmatrix}=\begin{pmatrix}0&0&3\\1&-1&2\\-1&1&1\end{pmatrix}\begin{pmatrix}3\\3\\0\end{pmatrix}=\begin{pmatrix}0\\0\\0\end{pmatrix}$$

となるから，$\boldsymbol{a}_1=\begin{pmatrix}3\\3\\0\end{pmatrix},\boldsymbol{a}_2=\begin{pmatrix}3\\2\\1\end{pmatrix},\boldsymbol{a}_3=\begin{pmatrix}1\\1\\1\end{pmatrix}$ は固有値は 1，高さ 3 のジョルダン系列であり，ジョルダン基底である．

$$\begin{pmatrix}1&0&3\\1&0&2\\-1&1&2\end{pmatrix}\begin{pmatrix}\boldsymbol{a}_3&\boldsymbol{a}_2&\boldsymbol{a}_1\end{pmatrix}=\begin{pmatrix}\boldsymbol{a}_3&\boldsymbol{a}_2&\boldsymbol{a}_1\end{pmatrix}\begin{pmatrix}1&1&0\\0&1&1\\0&0&1\end{pmatrix}$$

$$\begin{pmatrix}\boldsymbol{a}_3&\boldsymbol{a}_2&\boldsymbol{a}_1\end{pmatrix}^{-1}=\begin{pmatrix}-\frac{1}{3}&\frac{2}{3}&-\frac{1}{3}\\1&-1&0\\-1&1&1\end{pmatrix}$$

だから，例題 1.6 の解を用いると，

$$\begin{aligned}
&\begin{pmatrix}1&0&3\\1&0&2\\-1&1&2\end{pmatrix}^k\\
&=\begin{pmatrix}\boldsymbol{a}_3&\boldsymbol{a}_2&\boldsymbol{a}_1\end{pmatrix}\begin{pmatrix}1&1&0\\0&1&1\\0&0&1\end{pmatrix}^k\begin{pmatrix}\boldsymbol{a}_3&\boldsymbol{a}_2&\boldsymbol{a}_1\end{pmatrix}^{-1}\\
&=\begin{pmatrix}3&3&1\\3&2&1\\0&1&1\end{pmatrix}\begin{pmatrix}1&k&\frac{k(k-1)}{2}\\0&1&k\\0&0&1\end{pmatrix}\begin{pmatrix}-\frac{1}{3}&\frac{2}{3}&-\frac{1}{3}\\1&-1&0\\-1&1&1\end{pmatrix}\\
&=\begin{pmatrix}-\frac{3k(k-1)}{2}+1&\frac{3k(k-1)}{2}&\frac{3k(k-1)}{2}+3k\\k-\frac{3k(k-1)}{2}&-k+\frac{3k(k-1)}{2}+1&2k+\frac{3k(k-1)}{2}\\-k&k&k+1\end{pmatrix}
\end{aligned}$$

が得られる． ■

問題 9.3. 行列 $\begin{pmatrix} 2 & -1 & 2 \\ 1 & 0 & 2 \\ 0 & 0 & 1 \end{pmatrix}$ のジョルダン基底を求め，k 乗を計算せよ．

9.9 9章章末問題

問題 9.4. $n \times n$ 行列 A について，(1), (2), (3) がなりたつことを示せ．

(1) $A^2 = A$ をみたすならば，A の固有値は 0，または，1 である．

(2) λ を A の固有値とすれば，正整数 p について，λ^p は A^p の固有値である．

(3) 正整数 p について，$A^p = O$（O は零行列）をみたすならば，A の固有値は 0 である．

問題 9.5. $n \times n$ 正則行列 A について，(1), (2) がなりたつことを示せ．

(1) A の固有値は 0 でない．

(2) λ を A の固有値とすれば，$\frac{1}{\lambda}$ は逆行列 A^{-1} の固有値である．

問題 9.6. 2 つの $n \times n$ 行列 A, B について，(1), (2), (3), (4) がなりたつことを示せ．

(1) A が正則行列ならば，AB と BA の特性多項式は一致する．

(2) 行列式 $|A + \epsilon E|$ は ϵ についての n 次多項式である．ここで E は $n \times n$ 単位行列とする．

(3) $A + \epsilon E$ は有限値の ϵ の値を除いて正則行列である．

(4) AB の固有値と BA の固有値は一致する．

問題 9.7. $n \times n$ 行列 A の k 個の相異なる実固有値 $\lambda_1, \lambda_2, \cdots, \lambda_k$ に対応する固有ベクトルをそれぞれ $\boldsymbol{a}_1, \boldsymbol{a}_2, \cdots, \boldsymbol{a}_k$ とすれば，$\boldsymbol{a}_1, \boldsymbol{a}_2, \cdots, \boldsymbol{a}_k$ は 1 次独立系であることを示せ．

問題 9.8. $n \times n$ 行列 A に対して，最高次数の係数が $(-1)^m$ である m 次の多項式

$$f(t) = a_0 + a_1 t + a_2 t^2 + \cdots + a_{m-1} t^{m-1} + (-1)^m t^m$$

で，変数 t に行列 A を代入して得られる行列 $f(A)$ が零行列になるもののなかで，次数 m が最小となるものを A の**最小多項式**という．A の相異なる固有値の全体を $\lambda_1, \lambda_2, \cdots, \lambda_q$ とし，各 $k = 1, 2, \cdots, q$ について，広い意味の固有空間 $W_{\lambda_k}(A)$ のジョルダン基底を形成するジョルダン系列の高さの最高値を ℓ_k とすれば，A の最小

多項式は,

$$(\lambda_1 - t)^{\ell_1}(\lambda_2 - t)^{\ell_2} \cdots (\lambda_q - t)^{\ell_q}$$

であることを示せ.

問題 9.9. $n \times n$ 行列 A が $A^m = O$ をみたす自然数 m をもつとき, A は**べき零行列**という. 次の (1), (2) を示せ.

(1) $n \times n$ 行列 A がべき零行列であるための必要十分条件は, A の固有値が 0 のみであることである.

(2) べき零行列 A について, $A^m = O$ をみたす自然数 m の最小値は, 広い意味の固有空間 $W_0(A)$ のジョルダン基底を構成するジョルダン系列の高さの最高値である.

第10章
実対称行列

10.1 内積とノルム

R^3 の 2 つのベクトル $\boldsymbol{x} = \begin{pmatrix} x_1 \\ x_2 \\ x_3 \end{pmatrix}$, $\boldsymbol{y} = \begin{pmatrix} y_1 \\ y_2 \\ y_3 \end{pmatrix}$ に対して定まる実数 $x_1y_1 + x_2y_2 + x_3y_3$ を $\boldsymbol{x}$ と $\boldsymbol{y}$ の**内積**といい，記号 $(\boldsymbol{x}, \boldsymbol{y})$ で表す．

$$(\boldsymbol{x}, \boldsymbol{y}) = x_1y_1 + x_2y_2 + x_3y_3$$

なお，物理学では内積を表すのに記号 $\boldsymbol{x} \cdot \boldsymbol{y}$ を用いることが多い．内積は $\boldsymbol{x}$, $\boldsymbol{y}$ を 3×1 行列と考えるとき，

$$(\boldsymbol{x}, \boldsymbol{y}) = x_1y_1 + x_2y_2 + x_3y_3 = \begin{pmatrix} y_1 & y_2 & y_3 \end{pmatrix} \begin{pmatrix} x_1 \\ x_2 \\ x_3 \end{pmatrix} = \boldsymbol{y}^T\boldsymbol{x}$$

と転置行列を用いて表すことができる．

内積は 2 つの n 次元数ベクトル $\boldsymbol{x} = \begin{pmatrix} x_1 \\ x_2 \\ \vdots \\ x_n \end{pmatrix}$, $\boldsymbol{y} = \begin{pmatrix} y_1 \\ y_2 \\ \vdots \\ y_n \end{pmatrix}$ に対しても同様に

$$\begin{aligned}(\boldsymbol{x}, \boldsymbol{y}) &= x_1y_1 + x_2y_2 + \cdots + x_ny_n \\ &= \boldsymbol{y}^T\boldsymbol{x} = \begin{pmatrix} y_1 & y_2 & \cdots & y_n \end{pmatrix} \begin{pmatrix} x_1 \\ x_2 \\ \vdots \\ x_n \end{pmatrix}\end{aligned}$$

と定義できる.

定理 10.1. 内積は次の性質を持つ.

(1) $(\boldsymbol{x}, \boldsymbol{y}) = (\boldsymbol{y}, \boldsymbol{x})$

(2) $(\boldsymbol{x} + \boldsymbol{y}, \boldsymbol{z}) = (\boldsymbol{x}, \boldsymbol{z}) + (\boldsymbol{y}, \boldsymbol{z})$

(3) c を実数とするとき

$(c\boldsymbol{x}, \boldsymbol{y}) = (\boldsymbol{x}, c\boldsymbol{y}) = c(\boldsymbol{x}, \boldsymbol{y})$

(4) $(\boldsymbol{x}, \boldsymbol{x}) = x_1^2 + x_2^2 + \cdots + x_n^2 \geqq 0$

$(\boldsymbol{x}, \boldsymbol{x}) = 0$ となるのは $\boldsymbol{x} = \boldsymbol{0}$ のときだけである.

n 次元数ベクトル $\boldsymbol{x} = \begin{pmatrix} x_1 \\ x_2 \\ \vdots \\ x_n \end{pmatrix}$ に対して $\sqrt{(\boldsymbol{x}, \boldsymbol{x})}$ を $\boldsymbol{x}$ の**ノルム**といい，記号 $\|\boldsymbol{x}\|$ で表す.

$$\|\boldsymbol{x}\| = \sqrt{(\boldsymbol{x}, \boldsymbol{x})} = \sqrt{x_1^2 + x_2^2 + \cdots + x_n^2}$$

定理 10.2. ノルムには次の性質がある.

(5) $\|\boldsymbol{x}\| \geqq 0$

$\|\boldsymbol{x}\| = 0$ となるのは $\boldsymbol{x} = \boldsymbol{0}$ のときだけである.

(6) c を実数とするとき，$\|c\boldsymbol{x}\| = |c|\|\boldsymbol{x}\|$

(7) $\|\boldsymbol{x} + \boldsymbol{y}\| \leqq \|\boldsymbol{x}\| + \|\boldsymbol{y}\|$

(8) $|(\boldsymbol{x}, \boldsymbol{y})| \leqq \|\boldsymbol{x}\|\|\boldsymbol{y}\|$

(8) は**シュワルツの不等式**と呼ばれる内積とノルムの関係式である.

証明. (5) は定理 10.1(4) をノルムで書き直したものである.

(6) 定理 10.1(3) より,

$$\|c\boldsymbol{x}\|^2 = (c\boldsymbol{x}, c\boldsymbol{x}) = c^2(\boldsymbol{x}, \boldsymbol{x}) = c^2\|\boldsymbol{x}\|^2$$

より, $\|c\boldsymbol{x}\| = |c|\|\boldsymbol{x}\|$ が導かれる.

(8) シュワルツの不等式の証明

t を実数とするとき,

$$\begin{aligned}\|t\boldsymbol{x} + \boldsymbol{y}\|^2 &= (t\boldsymbol{x} + \boldsymbol{y}, t\boldsymbol{x} + \boldsymbol{y}) \\ &= (t\boldsymbol{x} + \boldsymbol{y}, t\boldsymbol{x}) + (t\boldsymbol{x} + \boldsymbol{y}, \boldsymbol{y}) \\ &= (t\boldsymbol{x}, t\boldsymbol{x}) + (\boldsymbol{y}, t\boldsymbol{x}) + (t\boldsymbol{x}, \boldsymbol{y}) + (\boldsymbol{y}, \boldsymbol{y}) \\ &= t^2\|\boldsymbol{x}\|^2 + 2t(\boldsymbol{x}, \boldsymbol{y}) + \|\boldsymbol{y}\|^2\end{aligned}$$

$\|\boldsymbol{x}\| \neq 0$ のとき, 最右辺は t についての 2 次式であり, 最左辺は負にならないから, 判別式は

$$(\boldsymbol{x}, \boldsymbol{y})^2 - \|\boldsymbol{x}\|^2\|\boldsymbol{y}\|^2 \leqq 0$$

これより, $|(\boldsymbol{x}, \boldsymbol{y})| \leqq \|\boldsymbol{x}\|\|\boldsymbol{y}\|$ を得る.

$\|\boldsymbol{x}\| = 0$ のとき, つまり, $\boldsymbol{x} = \boldsymbol{0}$ のときは両辺ともに 0 だからなりたっている.

(7) の証明

シュワルツの不等式の証明で用いた等式で $t = 1$ と置き, 次に, シュワルツの不等式を用いると,

$$\begin{aligned}\|\boldsymbol{x} + \boldsymbol{y}\|^2 &= \|\boldsymbol{x}\|^2 + 2(\boldsymbol{x}, \boldsymbol{y}) + \|\boldsymbol{y}\|^2 \\ &\leqq \|\boldsymbol{x}\|^2 + 2\|\boldsymbol{x}\|\|\boldsymbol{y}\| + \|\boldsymbol{y}\|^2 \\ &= (\|\boldsymbol{x}\| + \|\boldsymbol{y}\|)^2\end{aligned}$$

これより, 不等式 $\|\boldsymbol{x} + \boldsymbol{y}\| \leqq \|\boldsymbol{x}\| + \|\boldsymbol{y}\|$ を得る. (証明終)

例題 10.1. $\boldsymbol{a} = \begin{pmatrix} 1 \\ 1 \\ 1 \end{pmatrix}$, $\boldsymbol{b} = \begin{pmatrix} 1 \\ -2 \\ 1 \end{pmatrix}$ について, 内積 $(\boldsymbol{a}, \boldsymbol{b})$, ノルム $\|\boldsymbol{a}\|$,

ノルム $\|\boldsymbol{b}\|$ を求めよ．

【解答】

$$\begin{aligned}(\boldsymbol{a},\boldsymbol{b}) &= 1\times 1+1\times(-2)+1\times 1=0\\ \|\boldsymbol{a}\| &= \sqrt{1^2+1^2+1^2}=\sqrt{3}\\ \|\boldsymbol{b}\| &= \sqrt{1^2+(-2)^2+1^2}=\sqrt{6}\end{aligned}$$

■

問題 10.1. $\boldsymbol{a}=\begin{pmatrix}2\\1\\2\end{pmatrix}$，$\boldsymbol{b}=\begin{pmatrix}2\\-1\\-2\end{pmatrix}$ について，内積 $(\boldsymbol{a},\boldsymbol{b})$，ノルム $\|\boldsymbol{a}\|$，ノルム $\|\boldsymbol{b}\|$ を求めよ．

定理 10.3. $n\times n$ 実行列 A と R^n のベクトル $\boldsymbol{x},\boldsymbol{y}$ について

(9) $(A\boldsymbol{x},\boldsymbol{y})=(\boldsymbol{x},A^T\boldsymbol{y})$

がなりたつ．

証明.

$$\begin{aligned}(\boldsymbol{x},A^T\boldsymbol{y}) &= (A^T\boldsymbol{y})^T\boldsymbol{x}=\boldsymbol{y}^T(A^T)^T\boldsymbol{x}\\ &= \boldsymbol{y}^TA\boldsymbol{x}=(A\boldsymbol{x},\boldsymbol{y})\end{aligned}$$

（証明終）

2つのベクトル $\boldsymbol{x}$ と $\boldsymbol{y}$ が直交するとは，$(\boldsymbol{x},\boldsymbol{y})=0$ がなりたつことである．

内積が0であるとき直交するという根拠については12章（電子ファイル）で説明する．

10.2 正規直交系と直交行列

3個のベクトル $\boldsymbol{u}_1,\boldsymbol{u}_2,\boldsymbol{u}_3$ は，互いに直交し，すべてノルムが1であるとき，すなわち，

$$(\boldsymbol{u}_1, \boldsymbol{u}_2) = (\boldsymbol{u}_1, \boldsymbol{u}_3) = (\boldsymbol{u}_2, \boldsymbol{u}_3) = 0,$$

$$\|\boldsymbol{u}_1\| = \|\boldsymbol{u}_2\| = \|\boldsymbol{u}_3\| = 1$$

をみたすとき，**正規直交系**であるという．

一般に，k 個のベクトル $\boldsymbol{u}_1, \boldsymbol{u}_2, \cdots, \boldsymbol{u}_k$ が正規直交系であるとは互いに直交する，すべてノルム 1 のベクトルであること，すなわち，

$$\begin{pmatrix} (\boldsymbol{u}_1, \boldsymbol{u}_1) & (\boldsymbol{u}_2, \boldsymbol{u}_1) & \cdots & (\boldsymbol{u}_k, \boldsymbol{u}_1) \\ (\boldsymbol{u}_1, \boldsymbol{u}_2) & (\boldsymbol{u}_2, \boldsymbol{u}_2) & \cdots & (\boldsymbol{u}_k, \boldsymbol{u}_2) \\ \vdots & \vdots & \ddots & \vdots \\ (\boldsymbol{u}_1, \boldsymbol{u}_k) & (\boldsymbol{u}_2, \boldsymbol{u}_k) & \cdots & (\boldsymbol{u}_k, \boldsymbol{u}_k) \end{pmatrix} = \begin{pmatrix} 1 & 0 & \cdots & 0 \\ 0 & 1 & \cdots & 0 \\ \vdots & \vdots & \ddots & \vdots \\ 0 & 0 & \cdots & 1 \end{pmatrix}$$

がなりたつことである．

例題 10.2. $\boldsymbol{u}_1 = \dfrac{1}{\sqrt{2}}\begin{pmatrix} 1 \\ 0 \\ 1 \end{pmatrix}, \boldsymbol{u}_2 = \begin{pmatrix} 0 \\ 1 \\ 0 \end{pmatrix}, \boldsymbol{u}_3 = \dfrac{1}{\sqrt{2}}\begin{pmatrix} 1 \\ 0 \\ -1 \end{pmatrix}$ は正規直交系であることを示せ．

【解答】

$$(\boldsymbol{u}_1, \boldsymbol{u}_2) = \frac{1}{\sqrt{2}} \times 0 + 0 \times 1 + \frac{1}{\sqrt{2}} \times 0 = 0$$

$$(\boldsymbol{u}_1, \boldsymbol{u}_3) = \frac{1}{\sqrt{2}} \times \frac{1}{\sqrt{2}} + 0 \times 0 + \frac{1}{\sqrt{2}} \times \frac{-1}{\sqrt{2}} = 0$$

$$(\boldsymbol{u}_2, \boldsymbol{u}_3) = 0 \times \frac{1}{\sqrt{2}} + 1 \times 0 + 0 \times \frac{-1}{\sqrt{2}} = 0$$

$$\|\boldsymbol{u}_1\| = \sqrt{\frac{1}{2} + 0 + \frac{1}{2}} = 1$$

$$\|\boldsymbol{u}_2\| = \sqrt{0^2 + 1^2 + 0^2} = 1$$

$$\|\boldsymbol{u}_3\| = \sqrt{\frac{1}{2} + 0 + \frac{1}{2}} = 1$$

となり，$\boldsymbol{u}_1, \boldsymbol{u}_2, \boldsymbol{u}_3$ は正規直交系である． ■

例題 10.3. $\boldsymbol{u}_1 = \dfrac{1}{\sqrt{3}}\begin{pmatrix} 1 \\ 1 \\ 1 \end{pmatrix}, \boldsymbol{u}_2 = \dfrac{1}{\sqrt{2}}\begin{pmatrix} 1 \\ 0 \\ -1 \end{pmatrix}, \boldsymbol{u}_3 = \dfrac{1}{\sqrt{6}}\begin{pmatrix} 1 \\ -2 \\ 1 \end{pmatrix}$ は正規直交系であることを示せ.

【解答】

$$
\begin{aligned}
(\boldsymbol{u}_1, \boldsymbol{u}_2) &= \frac{1}{\sqrt{3}} \times \frac{1}{\sqrt{2}} + \frac{1}{\sqrt{3}} \times \frac{0}{\sqrt{2}} + \frac{1}{\sqrt{3}} \times \frac{-1}{\sqrt{2}} = 0 \\
(\boldsymbol{u}_1, \boldsymbol{u}_3) &= \frac{1}{\sqrt{3}} \times \frac{1}{\sqrt{6}} + \frac{1}{\sqrt{3}} \times \frac{-2}{\sqrt{6}} + \frac{1}{\sqrt{3}} \times \frac{1}{\sqrt{6}} = 0 \\
(\boldsymbol{u}_2, \boldsymbol{u}_3) &= \frac{1}{\sqrt{2}} \times \frac{1}{\sqrt{6}} + \frac{0}{\sqrt{2}} \times \frac{-2}{\sqrt{6}} + \frac{-1}{\sqrt{2}} \times \frac{1}{\sqrt{6}} = 0 \\
\|\boldsymbol{u}_1\| &= \sqrt{\frac{1}{3} + \frac{1}{3} + \frac{1}{3}} = 1 \\
\|\boldsymbol{u}_2\| &= \sqrt{\frac{1}{2} + \frac{0}{2} + \frac{1}{2}} = 1 \\
\|\boldsymbol{u}_3\| &= \sqrt{\frac{1}{6} + \frac{4}{6} + \frac{1}{6}} = 1
\end{aligned}
$$

となり, $\boldsymbol{u}_1, \boldsymbol{u}_2, \boldsymbol{u}_3$ は正規直交系である. ■

定理 10.4. 正規直交系は 1 次独立系である.

証明. 3 個のベクトルの場合を示す. n 個の場合はも同様に示すことができる.

$\boldsymbol{u}_1, \boldsymbol{u}_2, \boldsymbol{u}_3$ を正規直交系とし, ベクトルの方程式

$$x_1\boldsymbol{u}_1 + x_2\boldsymbol{u}_2 + x_3\boldsymbol{u}_3 = \boldsymbol{0}$$

を考える. これより,

$$
\begin{aligned}
x_1 = x_1(\boldsymbol{u}_1, \boldsymbol{u}_1) &= x_1(\boldsymbol{u}_1, \boldsymbol{u}_1) + x_2(\boldsymbol{u}_2, \boldsymbol{u}_1) + x_3(\boldsymbol{u}_3, \boldsymbol{u}_1) \\
&= (x_1\boldsymbol{u}_1 + x_2\boldsymbol{u}_2 + x_3\boldsymbol{u}_3, \boldsymbol{u}_1) = (\boldsymbol{0}, \boldsymbol{u}_1) = 0
\end{aligned}
$$

を得る. 同様に, $x_2 = 0, x_3 = 0$ も得られるので, $\boldsymbol{u}_1, \boldsymbol{u}_2, \boldsymbol{u}_3$ は 1 次独立系である.

(証明終)

与えられた 1 次独立系から正規直交系をつくる方法（**シュミットの方法**）がある．

定理 10.5. $\boldsymbol{a}_1, \boldsymbol{a}_2, \boldsymbol{a}_3$ を 1 次独立系とするとき，$\boldsymbol{v}_1, \boldsymbol{u}_1, \boldsymbol{v}_2, \boldsymbol{u}_2, \boldsymbol{v}_3, \boldsymbol{u}_3$ を順次，

$$\begin{aligned}
\boldsymbol{v}_1 &= \boldsymbol{a}_1 \\
\boldsymbol{u}_1 &= \frac{1}{\|\boldsymbol{v}_1\|}\boldsymbol{v}_1 \\
\boldsymbol{v}_2 &= \boldsymbol{a}_2 - (\boldsymbol{a}_2, \boldsymbol{u}_1)\boldsymbol{u}_1 \\
\boldsymbol{u}_2 &= \frac{1}{\|\boldsymbol{v}_2\|}\boldsymbol{v}_2 \\
\boldsymbol{v}_3 &= \boldsymbol{a}_3 - (\boldsymbol{a}_3, \boldsymbol{u}_1)\boldsymbol{u}_1 - (\boldsymbol{a}_3, \boldsymbol{u}_2)\boldsymbol{u}_2 \\
\boldsymbol{u}_3 &= \frac{1}{\|\boldsymbol{v}_3\|}\boldsymbol{v}_3
\end{aligned}$$

と定めると，$\boldsymbol{u}_1, \boldsymbol{u}_2, \boldsymbol{u}_3$ は正規直交系になる．このとき，

$$\mathrm{L}(\boldsymbol{u}_1, \boldsymbol{u}_2, \boldsymbol{u}_3) = \mathrm{L}(\boldsymbol{a}_1, \boldsymbol{a}_2, \boldsymbol{a}_3)$$

がなりたつ．

証明. $\boldsymbol{v}_1 \neq \boldsymbol{0}, \boldsymbol{v}_2 \neq \boldsymbol{0}, \boldsymbol{v}_3 \neq \boldsymbol{0}$ である．もしそうでないとすれば，$\boldsymbol{a}_1, \boldsymbol{a}_2, \boldsymbol{a}_3$ が 1 次独立系であることに矛盾するからである．また，つくりかたから，$\|\boldsymbol{u}_1\| = 1, \|\boldsymbol{u}_2\| = 1, \|\boldsymbol{u}_3\| = 1$ となる．

$$\begin{aligned}
(\boldsymbol{v}_2, \boldsymbol{u}_1) &= (\boldsymbol{a}_2, \boldsymbol{u}_1) - (\boldsymbol{a}_2, \boldsymbol{u}_1)(\boldsymbol{u}_1, \boldsymbol{u}_1) = 0 \\
(\boldsymbol{v}_3, \boldsymbol{u}_1) &= (\boldsymbol{a}_3, \boldsymbol{u}_1) - (\boldsymbol{a}_3, \boldsymbol{u}_1)(\boldsymbol{u}_1, \boldsymbol{u}_1) - (\boldsymbol{a}_3, \boldsymbol{u}_2)(\boldsymbol{u}_2, \boldsymbol{u}_1) \\
&= (\boldsymbol{a}_3, \boldsymbol{u}_1) - (\boldsymbol{a}_3, \boldsymbol{u}_1) \times 1 - (\boldsymbol{a}_3, \boldsymbol{u}_2) \times 0 = 0 \\
(\boldsymbol{v}_3, \boldsymbol{u}_2) &= (\boldsymbol{a}_3, \boldsymbol{u}_2) - (\boldsymbol{a}_3, \boldsymbol{u}_1)(\boldsymbol{u}_1, \boldsymbol{u}_2) - (\boldsymbol{a}_3, \boldsymbol{u}_2)(\boldsymbol{u}_2, \boldsymbol{u}_2) \\
&= (\boldsymbol{a}_3, \boldsymbol{u}_2) - (\boldsymbol{a}_3, \boldsymbol{u}_1) \times 0 - (\boldsymbol{a}_3, \boldsymbol{u}_2) \times 1 = 0
\end{aligned}$$

これらより，$(\boldsymbol{u}_2, \boldsymbol{u}_1) = 0, (\boldsymbol{u}_3, \boldsymbol{u}_1) = 0, (\boldsymbol{u}_3, \boldsymbol{u}_2) = 0$ がなりたっている．

$\mathrm{L}(\boldsymbol{u}_1, \boldsymbol{u}_2, \boldsymbol{u}_3) \subset \mathrm{L}(\boldsymbol{a}_1, \boldsymbol{a}_2, \boldsymbol{a}_3)$ がなりたち，定理 10.4 より，$\boldsymbol{u}_1, \boldsymbol{u}_2, \boldsymbol{u}_3$ は 1 次独立系だから，$\mathrm{L}(\boldsymbol{u}_1, \boldsymbol{u}_2, \boldsymbol{u}_3) = \mathrm{L}(\boldsymbol{a}_1, \boldsymbol{a}_2, \boldsymbol{a}_3)$ がなりたつ．　（証明終）

3個より多い1次独立系から，正規直交系をつくるには3個の場合を参考にすればよい．

例題 10.4. $\boldsymbol{a}_1 = \begin{pmatrix} 1 \\ 1 \\ 1 \end{pmatrix}, \boldsymbol{a}_2 = \begin{pmatrix} 1 \\ 0 \\ 1 \end{pmatrix}, \boldsymbol{a}_3 = \begin{pmatrix} 1 \\ 1 \\ 0 \end{pmatrix}$ からシュミットの方法で正規直交系 $\boldsymbol{u}_1, \boldsymbol{u}_2, \boldsymbol{u}_3$ をつくれ．

【解答】 $\boldsymbol{v}_1 = \boldsymbol{a}_1 = \begin{pmatrix} 1 \\ 1 \\ 1 \end{pmatrix}$

$\|\boldsymbol{v}_1\| = \sqrt{1^2 + 1^2 + 1^2} = \sqrt{3}$ だから，

$$\boldsymbol{u}_1 = \tfrac{1}{\|\boldsymbol{v}_1\|}\boldsymbol{v}_1 = \tfrac{1}{\sqrt{3}} \begin{pmatrix} 1 \\ 1 \\ 1 \end{pmatrix}$$

$(\boldsymbol{a}_2, \boldsymbol{u}_1) = 1 \times \frac{1}{\sqrt{3}} + 0 \times \frac{1}{\sqrt{3}} + 1 \times \frac{1}{\sqrt{3}} = \frac{2}{\sqrt{3}}$ だから，

$$\begin{aligned} \boldsymbol{v}_2 &= \boldsymbol{a}_2 - (\boldsymbol{a}_2, \boldsymbol{u}_1)\boldsymbol{u}_1 \\ &= \begin{pmatrix} 1 \\ 0 \\ 1 \end{pmatrix} - \frac{2}{\sqrt{3}} \times \frac{1}{\sqrt{3}} \begin{pmatrix} 1 \\ 1 \\ 1 \end{pmatrix} = \frac{1}{3} \begin{pmatrix} 1 \\ -2 \\ 1 \end{pmatrix} \end{aligned}$$

$\|\boldsymbol{v}_2\| = \frac{1}{3}\sqrt{1^2 + (-2)^2 + 1^2} = \frac{\sqrt{6}}{3}$ だから，

$$\boldsymbol{u}_2 = \tfrac{1}{\|\boldsymbol{v}_2\|}\boldsymbol{v}_2 = \tfrac{1}{\sqrt{6}} \begin{pmatrix} 1 \\ -2 \\ 1 \end{pmatrix}$$

$(\boldsymbol{a}_3, \boldsymbol{u}_1) = 1 \times \frac{1}{\sqrt{3}} + 1 \times \frac{1}{\sqrt{3}} = \frac{2}{\sqrt{3}}$

$(\boldsymbol{a}_3, \boldsymbol{u}_2) = 1 \times \frac{1}{\sqrt{6}} + 1 \times \frac{-2}{\sqrt{6}} = \frac{-1}{\sqrt{6}}$ だから，

$$\begin{aligned} \boldsymbol{v}_3 &= \boldsymbol{a}_3 - (\boldsymbol{a}_3, \boldsymbol{u}_1)\boldsymbol{u}_1 - (\boldsymbol{a}_3, \boldsymbol{u}_2)\boldsymbol{u}_2 \\ &= \begin{pmatrix} 1 \\ 1 \\ 0 \end{pmatrix} - \frac{2}{\sqrt{3}} \times \frac{1}{\sqrt{3}} \begin{pmatrix} 1 \\ 1 \\ 1 \end{pmatrix} - \frac{-1}{\sqrt{6}} \times \frac{1}{\sqrt{6}} \begin{pmatrix} 1 \\ -2 \\ 1 \end{pmatrix} = \frac{1}{2} \begin{pmatrix} 1 \\ 0 \\ -1 \end{pmatrix} \end{aligned}$$

$\|\boldsymbol{v}_3\| = \frac{1}{2}\sqrt{1^2+0^2+1^2} = \frac{1}{\sqrt{2}}$ だから，

$$\boldsymbol{u}_3 = \frac{1}{\|\boldsymbol{v}_3\|}\boldsymbol{v}_3 = \frac{1}{\sqrt{2}} \begin{pmatrix} 1 \\ 0 \\ -1 \end{pmatrix}$$

となり，$\boldsymbol{u}_1, \boldsymbol{u}_2, \boldsymbol{u}_3$ は正規直交系である．■

問題 10.2. $\boldsymbol{a}_1 = \begin{pmatrix} 1 \\ 1 \\ 0 \end{pmatrix}, \boldsymbol{a}_2 = \begin{pmatrix} 0 \\ 1 \\ 1 \end{pmatrix}, \boldsymbol{a}_3 = \begin{pmatrix} 1 \\ 1 \\ 1 \end{pmatrix}$ からシュミットの方法で正規直交系 $\boldsymbol{u}_1, \boldsymbol{u}_2, \boldsymbol{u}_3$ をつくれ．

正方行列 C が $C^T C = E$（E は単位行列）をみたすとき，**直交行列**という．

例題 10.5. 3×3 行列 $C = \begin{pmatrix} \frac{1}{\sqrt{3}} & \frac{1}{\sqrt{2}} & \frac{1}{\sqrt{6}} \\ \frac{1}{\sqrt{3}} & 0 & \frac{-2}{\sqrt{6}} \\ \frac{1}{\sqrt{3}} & \frac{-1}{\sqrt{2}} & \frac{1}{\sqrt{6}} \end{pmatrix}$ は直交行列であることを示せ．

【解答】

$$C^T C = \begin{pmatrix} \frac{1}{\sqrt{3}} & \frac{1}{\sqrt{3}} & \frac{1}{\sqrt{3}} \\ \frac{1}{\sqrt{2}} & 0 & \frac{-1}{\sqrt{2}} \\ \frac{1}{\sqrt{6}} & \frac{-2}{\sqrt{6}} & \frac{1}{\sqrt{6}} \end{pmatrix} \begin{pmatrix} \frac{1}{\sqrt{3}} & \frac{1}{\sqrt{2}} & \frac{1}{\sqrt{6}} \\ \frac{1}{\sqrt{3}} & 0 & \frac{-2}{\sqrt{6}} \\ \frac{1}{\sqrt{3}} & \frac{-1}{\sqrt{2}} & \frac{1}{\sqrt{6}} \end{pmatrix} = \begin{pmatrix} 1 & 0 & 0 \\ 0 & 1 & 0 \\ 0 & 0 & 1 \end{pmatrix}$$

がなりたつからである．■

問題 10.3. $\boldsymbol{u}_1, \boldsymbol{u}_2, \boldsymbol{u}_3$ が正規直交系であり，もう 1 つ加えた $\boldsymbol{u}_1, \boldsymbol{u}_2, \boldsymbol{u}_3, \boldsymbol{a}_4$ が 1 次独立系であるとき，ベクトル $\boldsymbol{u}_4$ をどのようにつくれば，$\boldsymbol{u}_1, \boldsymbol{u}_2, \boldsymbol{u}_3, \boldsymbol{u}_4$ が $\mathrm{L}(\boldsymbol{u}_1, \boldsymbol{u}_2, \boldsymbol{u}_3, \boldsymbol{a}_4) = \mathrm{L}(\boldsymbol{u}_1, \boldsymbol{u}_2, \boldsymbol{u}_3, \boldsymbol{u}_4)$ をみたす正規直交系になるか．

定理 10.6. $n\times n$ 行列 C の列から定まる n 個のベクトルを $\boldsymbol{u}_1, \boldsymbol{u}_2, \cdots, \boldsymbol{u}_n$ とする，すなわち，

$$C = \begin{pmatrix} \boldsymbol{u}_1 & \boldsymbol{u}_2 & \cdots & \boldsymbol{u}_n \end{pmatrix}$$

とするとき，C が直交行列であるための必要十分条件は $\boldsymbol{u}_1, \boldsymbol{u}_2, \cdots, \boldsymbol{u}_n$ が正規直交系であることである．

証明. 簡単のため，$n=3$ の場合を証明する．一般の場合も同じであるが，電子ファイルにおいて示す．

$$\begin{aligned} C^TC &= \begin{pmatrix} \boldsymbol{u}_1^T \\ \boldsymbol{u}_2^T \\ \boldsymbol{u}_3^T \end{pmatrix} \begin{pmatrix} \boldsymbol{u}_1 & \boldsymbol{u}_2 & \boldsymbol{u}_3 \end{pmatrix} \\ &= \begin{pmatrix} \boldsymbol{u}_1^T\boldsymbol{u}_1 & \boldsymbol{u}_1^T\boldsymbol{u}_2 & \boldsymbol{u}_1^T\boldsymbol{u}_3 \\ \boldsymbol{u}_2^T\boldsymbol{u}_1 & \boldsymbol{u}_2^T\boldsymbol{u}_2 & \boldsymbol{u}_2^T\boldsymbol{u}_3 \\ \boldsymbol{u}_3^T\boldsymbol{u}_1 & \boldsymbol{u}_3^T\boldsymbol{u}_2 & \boldsymbol{u}_3^T\boldsymbol{u}_3 \end{pmatrix} \\ &= \begin{pmatrix} (\boldsymbol{u}_1,\boldsymbol{u}_1) & (\boldsymbol{u}_1,\boldsymbol{u}_2) & (\boldsymbol{u}_1,\boldsymbol{u}_3) \\ (\boldsymbol{u}_2,\boldsymbol{u}_1) & (\boldsymbol{u}_2,\boldsymbol{u}_2) & (\boldsymbol{u}_2,\boldsymbol{u}_3) \\ (\boldsymbol{u}_3,\boldsymbol{u}_1) & (\boldsymbol{u}_3,\boldsymbol{u}_2) & (\boldsymbol{u}_3,\boldsymbol{u}_3) \end{pmatrix} \end{aligned}$$

この行列が単位行列になるのは，C が直交行列であり，$\boldsymbol{u}_1, \boldsymbol{u}_2, \boldsymbol{u}_3$ が正規直交系であるからである．（証明終）

10.3 複素内積

2つの $n\times 1$ 複素行列 $\boldsymbol{z} = \begin{pmatrix} z_1 \\ z_2 \\ \vdots \\ z_n \end{pmatrix}$，$\boldsymbol{w} = \begin{pmatrix} w_1 \\ w_2 \\ \vdots \\ w_n \end{pmatrix}$ に対して，次により**複素内積**を定める．

$$(\boldsymbol{z}, \boldsymbol{w}) = \boldsymbol{w}^* \boldsymbol{z} = \begin{pmatrix} \overline{w}_1 & \overline{w}_2 & \cdots & \overline{w}_n \end{pmatrix} \begin{pmatrix} z_1 \\ z_2 \\ \vdots \\ z_n \end{pmatrix}$$

$$= \overline{w}_1 z_1 + \overline{w}_2 z_2 + \cdots + \overline{w}_n z_n$$

定理 10.7. 複素内積には次の性質がある.

(1) $(\boldsymbol{w}, \boldsymbol{z}) = \overline{(\boldsymbol{z}, \boldsymbol{w})}$

(2) c を複素数とするとき,

$$(c\boldsymbol{z}, \boldsymbol{w}) = c(\boldsymbol{z}, \boldsymbol{w}), \quad (\boldsymbol{z}, c\boldsymbol{w}) = \overline{c}(\boldsymbol{z}, \boldsymbol{w})$$

(3) $(\boldsymbol{z}, \boldsymbol{z}) = |z_1|^2 + |z_2|^2 + \cdots + |z_n|^2 \geqq 0$

(4) 3×3 複素行列 C について,

$$(C\boldsymbol{z}, \boldsymbol{w}) = (\boldsymbol{z}, C^* \boldsymbol{w})$$

証明. (1) $\boldsymbol{z} = \begin{pmatrix} z_1 \\ z_2 \\ \vdots \\ z_n \end{pmatrix}$, $\boldsymbol{w} = \begin{pmatrix} w_1 \\ w_2 \\ \vdots \\ w_n \end{pmatrix}$ に対して,

$$\begin{aligned} \overline{(\boldsymbol{z}, \boldsymbol{w})} &= \overline{\boldsymbol{w}^* \boldsymbol{z}} = \overline{\overline{w}_1 z_1 + \overline{w}_2 z_2 + \cdots \overline{w}_n z_n} \\ &= \overline{z}_1 w_1 + \overline{z}_2 w_2 + \cdots + \overline{z}_n w_n \\ &= \boldsymbol{z}^* \boldsymbol{w} = (\boldsymbol{w}, \boldsymbol{z}) \end{aligned}$$

がなりたつ.

(2) $\boldsymbol{z} = \begin{pmatrix} z_1 \\ z_2 \\ \vdots \\ z_n \end{pmatrix}$, $\boldsymbol{w} = \begin{pmatrix} w_1 \\ w_2 \\ \vdots \\ w_n \end{pmatrix}$ に対して,

$$(c\boldsymbol{z}, \boldsymbol{w}) = \boldsymbol{w}^*(c\boldsymbol{z}) = c\boldsymbol{w}^*\boldsymbol{z} = c(\boldsymbol{z}, \boldsymbol{w})$$
$$(\boldsymbol{z}, c\boldsymbol{w}) = (c\boldsymbol{w})^*\boldsymbol{z} = \overline{c}\boldsymbol{w}^*\boldsymbol{z} = \overline{c}(\boldsymbol{z}, \boldsymbol{w})$$

がなりたつ.

(3) $\boldsymbol{z} = \begin{pmatrix} z_1 \\ z_2 \\ \vdots \\ z_n \end{pmatrix}$ に対して,

$$\begin{aligned}(\boldsymbol{z}, \boldsymbol{z}) &= \overline{z}_1 z_1 + \overline{z}_2 z_2 + \cdots + \overline{z}_n z_n \\ &= |z_1|^2 + |z_2|^2 + \cdots + |z_n|^2 \geqq 0\end{aligned}$$

がなりたつ.

(4) $(C\boldsymbol{z}, \boldsymbol{w}) = \boldsymbol{w}^*(C\boldsymbol{z}) = (C^*\boldsymbol{w})^*\boldsymbol{z} = (\boldsymbol{z}, C^*\boldsymbol{w})$ がなりたつ. (証明終)

10.4 実対称行列の対角化

$n \times n$ 実行列 A が $A^T = A$ をみたすとき, A は**実対称行列**であるという. $n \times n$ 実行列 A の (i, j) 成分を a_{ij} とするとき, A が実対称行列になるのは, すべての $i, j = 1, 2, \cdots, n$ について, $a_{ji} = a_{ij}$ がなりたつ場合である.

例 10.1. 3×3 実対称行列

$$A = \begin{pmatrix} 3 & -1 & -1 \\ -1 & 3 & -1 \\ -1 & -1 & 1 \end{pmatrix}$$

を考える.

特性方程式は

$$\begin{vmatrix} 3-x & -1 & -1 \\ -1 & 3-x & -1 \\ -1 & -1 & 1-x \end{vmatrix} = -x^3 + 7x^2 - 12x = -x(x-3)(x-4) = 0$$

だから，固有値は 0, 3, 4 の 3 つである．この行列の固有値はすべて実数になったが，後で見るように，固有値はすべて実数になるというのは実対称行列の一般的な性質である．なお，3 次方程式を解くことは一般には容易でない．演習問題等においては見当をつけて解の一つを見つけ，あとは 2 次方程式を解くという方法が一般的である．なお，次数が高い行列についても，その固有値や固有ベクトルを（近似計算ではあるが）計算するコンピュータソフトがある．

固有ベクトルを求めるために，

$$\begin{pmatrix} 3 & -1 & -1 \\ -1 & 3 & -1 \\ -1 & -1 & 1 \end{pmatrix} \begin{pmatrix} x \\ y \\ z \end{pmatrix} = 0 \times \begin{pmatrix} x \\ y \\ z \end{pmatrix}$$

を解くと（計算は省略するが），$\boldsymbol{a}_1 = \begin{pmatrix} 1 \\ 1 \\ 2 \end{pmatrix}$ を得る．このベクトルは確かに，

$$\begin{pmatrix} 3 & -1 & -1 \\ -1 & 3 & -1 \\ -1 & -1 & 1 \end{pmatrix} \begin{pmatrix} 1 \\ 1 \\ 2 \end{pmatrix} = 0 \times \begin{pmatrix} 1 \\ 1 \\ 2 \end{pmatrix}$$

をみたしているので，固有値 0 に対する固有ベクトルである．

$$\begin{pmatrix} 3 & -1 & -1 \\ -1 & 3 & -1 \\ -1 & -1 & 1 \end{pmatrix} \begin{pmatrix} x \\ y \\ z \end{pmatrix} = 3 \times \begin{pmatrix} x \\ y \\ z \end{pmatrix}$$

を解くと，$\boldsymbol{a}_2 = \begin{pmatrix} 1 \\ 1 \\ -1 \end{pmatrix}$ は固有値 3 に対する固有ベクトルである．

$$\begin{pmatrix} 3 & -1 & -1 \\ -1 & 3 & -1 \\ -1 & -1 & 1 \end{pmatrix} \begin{pmatrix} x \\ y \\ z \end{pmatrix} = 4 \times \begin{pmatrix} x \\ y \\ z \end{pmatrix}$$

を解くと，$\boldsymbol{a}_3 = \begin{pmatrix} 1 \\ -1 \\ 0 \end{pmatrix}$ は固有値4に対する固有ベクトルである．得られた3つの固有ベクトル $\boldsymbol{a}_1 = \begin{pmatrix} 1 \\ 1 \\ 2 \end{pmatrix}$，$\boldsymbol{a}_2 = \begin{pmatrix} 1 \\ 1 \\ -1 \end{pmatrix}$，$\boldsymbol{a}_3 = \begin{pmatrix} 1 \\ -1 \\ 0 \end{pmatrix}$ は互いに直交している．後で見るように，異なる固有値に対する固有ベクトルは互いに直交するというのも実対称行列の一般的な性質である．

3つの固有ベクトルをノルム1にしたものをそれぞれ $\boldsymbol{u}_1$, $\boldsymbol{u}_2$, $\boldsymbol{u}_3$ とし，それらを並べてつくった 3×3 直交行列を

$$C = \begin{pmatrix} \boldsymbol{u}_1 & \boldsymbol{u}_2 & \boldsymbol{u}_3 \end{pmatrix} = \begin{pmatrix} \frac{1}{\sqrt{6}} & \frac{1}{\sqrt{3}} & \frac{1}{\sqrt{2}} \\ \frac{1}{\sqrt{6}} & \frac{1}{\sqrt{3}} & \frac{-1}{\sqrt{2}} \\ \frac{2}{\sqrt{6}} & \frac{-1}{\sqrt{3}} & 0 \end{pmatrix}$$

とし，固有値を並べた**対角行列**を

$$\Lambda = \begin{pmatrix} 0 & 0 & 0 \\ 0 & 3 & 0 \\ 0 & 0 & 4 \end{pmatrix}$$

とすれば，

$$\begin{aligned} A \begin{pmatrix} \boldsymbol{u}_1 & \boldsymbol{u}_2 & \boldsymbol{u}_3 \end{pmatrix} &= \begin{pmatrix} A\boldsymbol{u}_1 & A\boldsymbol{u}_2 & A\boldsymbol{u}_3 \end{pmatrix} \\ &= \begin{pmatrix} 0 \times \boldsymbol{u}_1 & 3\boldsymbol{u}_2 & 4\boldsymbol{u}_3 \end{pmatrix} \\ &= \begin{pmatrix} \boldsymbol{u}_1 & \boldsymbol{u}_2 & \boldsymbol{u}_3 \end{pmatrix} \begin{pmatrix} 0 & 0 & 0 \\ 0 & 3 & 0 \\ 0 & 0 & 4 \end{pmatrix} \end{aligned}$$

だから，

$$AC = C\Lambda$$

がなりたつ．これを**直交行列による実対角化**という．

固有値がすべて異なる実対称行列は例 10.1 のように直交行列で実対角化できるが，実は，固有値に重複があっても直交行列で実対角化できる．

例題 10.6. 3×3 実対称行列

$$A = \begin{pmatrix} 0 & 1 & 1 \\ 1 & 0 & 1 \\ 1 & 1 & 0 \end{pmatrix}$$

を直交行列で対角化せよ．

【解答】 特性方程式は

$$\begin{vmatrix} -x & 1 & 1 \\ 1 & -x & 1 \\ 1 & 1 & -x \end{vmatrix} = -x^3 + 3x + 2 = -(x-2)(x+1)^2 = 0$$

だから，固有値は $2, -1$ の 2 つであり，このうち -1 は重複している．

$$\begin{pmatrix} 0 & 1 & 1 \\ 1 & 0 & 1 \\ 1 & 1 & 0 \end{pmatrix} \begin{pmatrix} x \\ y \\ z \end{pmatrix} = 2 \times \begin{pmatrix} x \\ y \\ z \end{pmatrix}$$

を解くと，$\boldsymbol{a}_1 = \begin{pmatrix} 1 \\ 1 \\ 1 \end{pmatrix}$ は固有値 2 に対する固有ベクトルである．ノルムを 1 にすると，

$$\boldsymbol{u}_1 = \frac{1}{\sqrt{3}} \begin{pmatrix} 1 \\ 1 \\ 1 \end{pmatrix}$$

$$\begin{pmatrix} 0 & 1 & 1 \\ 1 & 0 & 1 \\ 1 & 1 & 0 \end{pmatrix} \begin{pmatrix} x \\ y \\ z \end{pmatrix} = -1 \times \begin{pmatrix} x \\ y \\ z \end{pmatrix}$$

を解くと，$x + y + z = 0$ が得られ，これより，

$$\begin{pmatrix} x \\ y \\ z \end{pmatrix} = x\begin{pmatrix} 1 \\ 0 \\ -1 \end{pmatrix} + y\begin{pmatrix} 0 \\ 1 \\ -1 \end{pmatrix}$$

が得られるので，$\boldsymbol{a}_2 = \begin{pmatrix} 1 \\ 0 \\ -1 \end{pmatrix}$，$\boldsymbol{a}_3 = \begin{pmatrix} 0 \\ 1 \\ -1 \end{pmatrix}$ が固有値 -1 に対する 1 次独立な 2 つの固有ベクトルである．

この 2 つの固有ベクトルについて，シュミットの直交化を行う．

$$\boldsymbol{u}_2 = \frac{1}{\|\boldsymbol{a}_2\|}\boldsymbol{a}_2 = \frac{1}{\sqrt{2}}\begin{pmatrix} 1 \\ 0 \\ -1 \end{pmatrix}$$

$$\boldsymbol{v}_3 = \boldsymbol{a}_3 - (\boldsymbol{a}_3, \boldsymbol{u}_2)\boldsymbol{u}_2 = \frac{-1}{2}\begin{pmatrix} 1 \\ -2 \\ 1 \end{pmatrix}$$

$$\boldsymbol{u}_3 = \frac{1}{\|\boldsymbol{v}_3\|}\boldsymbol{v}_3 = \frac{1}{\sqrt{6}}\begin{pmatrix} 1 \\ -2 \\ 1 \end{pmatrix}$$

となり，正規直交系 $\boldsymbol{u}_1, \boldsymbol{u}_2, \boldsymbol{u}_3$ がえられた．

$$C = \begin{pmatrix} \boldsymbol{u}_1 & \boldsymbol{u}_2 & \boldsymbol{u}_3 \end{pmatrix} = \begin{pmatrix} \frac{1}{\sqrt{3}} & \frac{1}{\sqrt{2}} & \frac{1}{\sqrt{6}} \\ \frac{1}{\sqrt{3}} & 0 & \frac{-2}{\sqrt{6}} \\ \frac{1}{\sqrt{3}} & \frac{-1}{\sqrt{2}} & \frac{1}{\sqrt{6}} \end{pmatrix}$$

とおくと，C は直交行列であり，

$$\Lambda = \begin{pmatrix} 2 & 0 & 0 \\ 0 & -1 & 0 \\ 0 & 0 & -1 \end{pmatrix}$$

とおけば，直交行列による対角化の等式

$$AC = C\Lambda$$

が得られる． ■

対角化するときの対角行列は，固有値を並べる順序によって異なってくる．それに伴って，ノルム 1 の固有ベクトルを並べてつくる直交行列も異なってくる．さらに，固有値に重複がある場合は，固有ベクトルのとりかたもたくさんある．対角化にはそうした自由度がある．

以上，具体例で示したが，一般に次がなりたつ．

定理 10.8. 実対称行列 A について次がなりたつ．

(1)　A の固有値は実数である．

(2)　A の異なる固有値に対する固有ベクトルは直交する．

証明. (1)　実対称行列 A の固有値を λ とし，それに対する固有ベクトルを $\boldsymbol{a}$ とする．A は実対称行列だから，$A^* = A^T = A$ をみたす．このことおよび複素内積の性質を用いると，

$$\lambda(\boldsymbol{a},\boldsymbol{a}) = (\lambda\boldsymbol{a},\boldsymbol{a}) = (A\boldsymbol{a},\boldsymbol{b}) = (\boldsymbol{a},A^*\boldsymbol{a}) = (\boldsymbol{a},A\boldsymbol{a}) = (\boldsymbol{a},\lambda\boldsymbol{a}) = \overline{\lambda}(\boldsymbol{a},\boldsymbol{a})$$

$(\boldsymbol{a},\boldsymbol{a}) \neq 0$ だから，$\lambda = \overline{\lambda}$，すなわち，固有値 λ は実数である．

(2)　A を実対称行列とし，

$$A\boldsymbol{a} = \lambda\boldsymbol{a}, \quad A\boldsymbol{b} = \mu\boldsymbol{b}, \quad \lambda \neq \mu, \quad \boldsymbol{a} \neq \boldsymbol{0}, \quad \boldsymbol{b} \neq \boldsymbol{0}$$

とする．すなわち，$\boldsymbol{a}$ と $\boldsymbol{b}$ は A の異なる固有値に対する固有ベクトルとする．(1) より，λ, μ は実数だから，$\boldsymbol{a}, \boldsymbol{b}$ は実ベクトルと考えてよい．実内積を考えると，

$$\begin{aligned}\lambda(\boldsymbol{a},\boldsymbol{b}) &= (\lambda\boldsymbol{a},\boldsymbol{b}) = (A\boldsymbol{a},\boldsymbol{b})\\ &= (\boldsymbol{a},A^T\boldsymbol{b}) = (\boldsymbol{a},A\boldsymbol{b})\\ &= (\boldsymbol{a},\mu\boldsymbol{b}) = \mu(\boldsymbol{a},\boldsymbol{b})\end{aligned}$$

であり，$\lambda \neq \mu$ だから，$(\boldsymbol{a}, \boldsymbol{b}) = 0$，すなわち，2 つの固有ベクトルは直交する．

（証明終）

定理 10.9. （実対称行列の実対角化可能定理）

$n \times n$ 実対称行列 A に対して，$AC = C\Lambda$ をみたす直交行列 C と実対角行列 Λ が存在する．これは，A の固有ベクトルからなる R^n の正規直交基底が存在するということと同じである．

この定理の証明はジョルダン標準化可能定理を用いて証明できるが，その証明は電子ファイルで示す．ジョルダン標準化可能定理を用いないで帰納法により証明できるが，その証明も電子ファイルにおいて示す．

$n \times n$ 複素行列 A は $A^* = A$ をみたすとき，**エルミート行列**という．また，$n \times n$ 複素行列 C は $C^*C = E_n$（E_n は $n \times n$ 単位行列）をみたすとき，**ユニタリ行列**という．エルミート行列の固有値は実数であり（問題 10.16），異なる固有値に対する固有ベクトルは直交する（問題 10.17）ので，エルミート行列はユニタリ行列で実対角化できることも，同じ方法で示すことができる．

問題 10.4. 次の実対称行列を直交行列により実対角化せよ．

$$\begin{pmatrix} 1 & -2 & 1 \\ -2 & 0 & -2 \\ 1 & -2 & 1 \end{pmatrix}$$

10.5 2 次式の標準形

例 10.2. 実数係数の 2 次式 $3x^2 + 3y^2 + z^2 - 2xy - 2yz - 2zx$ は実対称行列を用いて

$$3x^2+3y^2+z^2-2xy-2yz-2zx = \begin{pmatrix} x & y & z \end{pmatrix} \begin{pmatrix} 3 & -1 & -1 \\ -1 & 3 & -1 \\ -1 & -1 & 1 \end{pmatrix} \begin{pmatrix} x \\ y \\ z \end{pmatrix}$$

と表せる．右辺を計算すれば左辺に一致するからである．

ここに現れる実対称行列を A とすれば，例 10.1 で調べたように

$$C = \begin{pmatrix} \frac{1}{\sqrt{6}} & \frac{1}{\sqrt{3}} & \frac{1}{\sqrt{2}} \\ \frac{1}{\sqrt{6}} & \frac{1}{\sqrt{3}} & \frac{-1}{\sqrt{2}} \\ \frac{2}{\sqrt{6}} & \frac{-1}{\sqrt{3}} & 0 \end{pmatrix}, \qquad \Lambda = \begin{pmatrix} 0 & 0 & 0 \\ 0 & 3 & 0 \\ 0 & 0 & 4 \end{pmatrix}$$

とおけば，$A = C\Lambda C^T$ と表せるので，

$$\begin{pmatrix} u \\ v \\ w \end{pmatrix} = C^T \begin{pmatrix} x \\ y \\ z \end{pmatrix}$$

と変数変換すれば（直交行列による変数変換であるので**直交変換**という），

$$\begin{pmatrix} u & v & w \end{pmatrix} = \begin{pmatrix} x & y & z \end{pmatrix} C$$

だから，

$$\begin{aligned} 3x^2 + 3y^2 + z^2 - 2xy - 2yz - 2zx &= \begin{pmatrix} x & y & z \end{pmatrix} A \begin{pmatrix} x \\ y \\ z \end{pmatrix} \\ &= \begin{pmatrix} x & y & z \end{pmatrix} C\Lambda C^T \begin{pmatrix} x \\ y \\ z \end{pmatrix} \\ &= \begin{pmatrix} u & v & w \end{pmatrix} \begin{pmatrix} 0 & 0 & 0 \\ 0 & 3 & 0 \\ 0 & 0 & 4 \end{pmatrix} \begin{pmatrix} u \\ v \\ w \end{pmatrix} \\ &= 3v^2 + 4w^2 \end{aligned}$$

と 2 乗だけの項からなる 2 次式で表せる．

このように実数係数の 2 次式は直交変換によって 2 乗の項だけからなる 2 次式（**標準形**という）に直せる．

例題 10.7. 2 次式 $2xy + 2yz + 2zx$ の直交変換による標準形を求めよ．

【解答】 この2次式は実対称行列を用いて

$$2xy+2yz+2zx=\begin{pmatrix} x & y & z \end{pmatrix}\begin{pmatrix} 0 & 1 & 1 \\ 1 & 0 & 1 \\ 1 & 1 & 0 \end{pmatrix}\begin{pmatrix} x \\ y \\ z \end{pmatrix}$$

と表せる．ここで現れた実対称行列を A で表すと，例10.2で調べたように，

$$C=\begin{pmatrix} \boldsymbol{u}_1 & \boldsymbol{u}_2 & \boldsymbol{u}_3 \end{pmatrix}=\begin{pmatrix} \frac{1}{\sqrt{3}} & \frac{1}{\sqrt{2}} & \frac{1}{\sqrt{6}} \\ \frac{1}{\sqrt{3}} & 0 & \frac{-2}{\sqrt{6}} \\ \frac{1}{\sqrt{3}} & \frac{-1}{\sqrt{2}} & \frac{1}{\sqrt{6}} \end{pmatrix}, \qquad \Lambda=\begin{pmatrix} 2 & 0 & 0 \\ 0 & -1 & 0 \\ 0 & 0 & -1 \end{pmatrix}$$

とおけば，$AC=C\Lambda$ と表せるので，

$$\begin{aligned} 2xy+2yz+2zx &= \begin{pmatrix} x & y & z \end{pmatrix} A \begin{pmatrix} x \\ y \\ z \end{pmatrix} \\ &= \begin{pmatrix} x & y & z \end{pmatrix} C\Lambda C^T \begin{pmatrix} x \\ y \\ z \end{pmatrix} \end{aligned}$$

$\begin{pmatrix} u \\ v \\ w \end{pmatrix}=C^T\begin{pmatrix} x \\ y \\ z \end{pmatrix}$ と直交変換すれば

$$\begin{aligned} 2xy+2yz+2zx &= \begin{pmatrix} u & v & w \end{pmatrix}\begin{pmatrix} 2 & 0 & 0 \\ 0 & -1 & 0 \\ 0 & 0 & -1 \end{pmatrix}\begin{pmatrix} u \\ v \\ w \end{pmatrix} \\ &= 2u^2-v^2-w^2 \end{aligned}$$

と2乗の項だけからなる2次式で表せる． ■

変数の個数が多い場合を含めて2次式は実対称行列を用いて表すことができ，実対称行列は直交行列で実対角行列に対角化できるので，直交変換によって標準形に直せる．標準形は性質がわかりやすい2次式だから，いくつかの数学理

論および多変数関数の極値理論や多変量解析の主成分分析の理論などに応用される．

問題 10.5. 問題 10.4 の結果を用いて，2 次式 $x^2+z^2-4xy-4yz+2zx$ を直交変換で標準形に直せ．

10.6 実対称行列のスペクトル分解

実対称行列の実対角化可能定理（定理 10.9）を用いると，実対称行列がランク 1 の実対称行列の定数倍の和で表せるというスペクトル分解定理がなりたつが，それは電子ファイルで示す．

10.7 10 章章末問題

問題 10.6. R^n の内積とノルムについて，次の (1), (2) がなりたつことを示せ．

(1) $\|\boldsymbol{x}\|^2+\|\boldsymbol{y}\|^2=\dfrac{\|\boldsymbol{x}+\boldsymbol{y}\|^2+\|\boldsymbol{x}-\boldsymbol{y}\|^2}{2}$

(2) $(\boldsymbol{x},\boldsymbol{y})=\dfrac{\|\boldsymbol{x}+\boldsymbol{y}\|^2-\|\boldsymbol{x}-\boldsymbol{y}\|^2}{4}$

問題 10.7. $n\times n$ 直交行列 A と n 次元数ベクトルに $\boldsymbol{x},\boldsymbol{y}$ について，次の (1), (2) がなりたつことを示せ．

(1) $(A\boldsymbol{x},A\boldsymbol{y})=(\boldsymbol{x},\boldsymbol{y})$

(2) $\|A\boldsymbol{x}\|=\|\boldsymbol{x}\|$

(3) A の行列式の値は $|A|=1$ または $|A|=-1$ である．

問題 10.8. A を $n\times n$ 直交行列とするとき，$\boldsymbol{u}_1,\boldsymbol{u}_2,\cdots,\boldsymbol{u}_n$ が R^n の正規直交基底であれば，$A\boldsymbol{u}_1,A\boldsymbol{u}_2,\cdots,A\boldsymbol{u}_n$ もまた R^n の正規直交基底であることを示せ．

問題 10.9. 2×2 直交行列は $\begin{pmatrix}\cos\theta & -\sin\theta\\ \sin\theta & \cos\theta\end{pmatrix}$，または，$\begin{pmatrix}\cos\theta & \sin\theta\\ \sin\theta & -\cos\theta\end{pmatrix}$ の形をしていることを示せ．

問題 10.10. R^n の部分ベクトル空間 U に対して，U に属するすべてのベクトルと直

交するベクトルの全体を $U^{\perp}$ とするとき，すなわち，

$$U^{\perp} = \{\, \boldsymbol{x} \in \mathrm{R}^n \mid すべての\ \boldsymbol{u} \in U\ について\ (\boldsymbol{x}, \boldsymbol{u}) = 0 \,\}$$

とするとき，次の (1), (2), (3) を示せ.

(1)　$U^{\perp}$ は部分ベクトル空間である.

(2)　$U \cap U^{\perp} = \{\mathbf{0}\}$ がなりたつ.

(3)　$\boldsymbol{u}_1, \boldsymbol{u}_2, \cdots, \boldsymbol{u}_k$ を U の正規直交基底とし，$\boldsymbol{u}_1, \boldsymbol{u}_2, \cdots, \boldsymbol{u}_k, \boldsymbol{u}_{k+1}, \boldsymbol{u}_{k+1}, \cdots, \boldsymbol{u}_n$ が R^n の正規直交基底となるように $n-k$ 個のベクトル $\boldsymbol{u}_{k+1}, \boldsymbol{u}_{k+1}, \cdots, \boldsymbol{u}_n$ を加えたとき，$U^{\perp} = \mathrm{L}(\boldsymbol{u}_{k+1}, \boldsymbol{u}_{k+2}, \cdots, \boldsymbol{u}_n)$ がなりたつ.

問題 10.11. 2×2 実対称行列 $A = \begin{pmatrix} a & b \\ b & c \end{pmatrix}$ について，$a > 0$，かつ，$|A| = ac - b^2 > 0$ であるとき，A の 2 つの固有値はともに正数であることを示せ.

問題 10.12. $n \times n$ 実対称行列 A の n 個の固有値を $\lambda_1, \lambda_2, \cdots, \lambda_n$ とすれば，行列式の値は $|A| = \lambda_1 \lambda_2 \cdots \lambda_n$ となることを示せ.

問題 10.13. $n \times n$ 実対称行列 A は，すべてのベクトル $\boldsymbol{x} \neq \mathbf{0}$ に対して，$\boldsymbol{x}^T A \boldsymbol{x} > 0$ をみたすとき，**正定値行列**であるという. A が正定値行列であるための必要十分条件は A のすべての固有値が正であることを示せ.

問題 10.14. $n \times n$ 実対称行列 $A = \begin{pmatrix} a_{11} & a_{12} & \cdots & a_{1n} \\ a_{11} & a_{12} & \cdots & a_{1n} \\ \vdots & \vdots & \ddots & \vdots \\ a_{n1} & a_{n2} & \cdots & a_{nn} \end{pmatrix}$ から，第 n 行と第 n 列を抜き取ってできる $(n-1) \times (n-1)$ 行列を

$$A' = \begin{pmatrix} a_{11} & a_{12} & \cdots & a_{1n-1} \\ a_{11} & a_{12} & \cdots & a_{1n-1} \\ \vdots & \vdots & \ddots & \vdots \\ a_{n-1\,1} & a_{n-1\,2} & \cdots & a_{n-1\,n-1} \end{pmatrix}$$

とするとき，A' が正定値行列で，A の行列式の値が $|A| > 0$ ならば，A は正定値行列であることを示せ.

問題 10.15. $n \times n$ 実対称行列 $A = \begin{pmatrix} a_{11} & a_{12} & \cdots & a_{1n} \\ a_{11} & a_{12} & \cdots & a_{1n} \\ \vdots & \vdots & \ddots & \vdots \\ a_{n1} & a_{n2} & \cdots & a_{nn} \end{pmatrix}$ に対して，

$$A_{(k)} = \begin{pmatrix} a_{11} & a_{12} & \cdots & a_{1k} \\ a_{11} & a_{12} & \cdots & a_{1k} \\ \vdots & \vdots & \ddots & \vdots \\ a_{k1} & a_{k2} & \cdots & a_{kk} \end{pmatrix} \quad (k = 1, 2, \cdots, n)$$

と置く．A が正定値行列であるための必要十分条件はすべての $k = 1, 2, \cdots, n$ について，行列式の値が $|A_{(k)}| > 0$ であることを示せ．

問題 10.16. $n \times n$ エルミート行列 A について，次の (1), (2), (3) を示せ．

(1)　複素ベクトル $\boldsymbol{\xi}$ に対して，$(A\boldsymbol{\xi}, \boldsymbol{\xi})$ は実数である．

(2)　$A\boldsymbol{\xi} = \lambda\boldsymbol{\xi}$, $\boldsymbol{\xi} \neq \mathbf{0}$ ならば，λ は実数である．

(3)　2 つの異なる複素数 λ_1, λ_2 と 2 つの零ベクトルでない複素ベクトル $\boldsymbol{\xi}_1, \boldsymbol{\xi}_2$ について，$A\boldsymbol{\xi}_1 = \lambda_1\boldsymbol{\xi}_1$，$A\boldsymbol{\xi}_2 = \lambda_2\boldsymbol{\xi}_2$ がなりたてば，$(\boldsymbol{\xi}_1, \boldsymbol{\xi}_2) = 0$ がなりたつ．

問題 10.17. $n \times n$ ユニタリ行列 A について，次の (1), (2) がなりたつことを示せ．

(1)　2 つの複素ベクトル $\boldsymbol{\xi}_1, \boldsymbol{\xi}_2$ について，$(A\boldsymbol{\xi}_1, A\boldsymbol{\xi}_2) = (\boldsymbol{\xi}_1, \boldsymbol{\xi}_2)$ となる．

(2)　$A\boldsymbol{\xi} = \lambda\boldsymbol{\xi}$, $\boldsymbol{\xi} \neq \mathbf{0}$ とすれば，$|\lambda| = 1$ となる．

問題 10.18. 正方行列 A が $A^T = -A$ をみたすとき，**交代行列**という．このとき，(1), (2) を示せ．

(1)　正方行列は対称行列と交代行列の和で表せる．

(2)　実交代行列の固有値の実部は 0 である．

第11章
$\boldsymbol{n}$ 次の行列式の定義とその性質の証明

n 次の行列式の定義，および，性質とその証明は電子ファイルで示す．

11.1　順　　列

n 個の自然数 $1, 2, \cdots, n$ のすべてを並べた配列を $\{1, 2, \cdots, n\}$ の**順列**という．$\{1, 2, \cdots, n\}$ の順列は $n!$ 個ある．順列において，大小の順が逆になっている 2 つの数の組を**逆転**という．順列の逆転の個数が偶数であるか，奇数であるかで，それぞれ**偶順列**，**奇順列**という．

11.2　$\boldsymbol{n}$ 次の行列式の値の定義

n 次の行列式の値は，$n!$ 個の順列ごとに，各行から順列に対応して列から取り出した n 個の成分の積に，偶順列であれば $+1$ を，奇順列であれば -1 をかけた数を考え，それら $n!$ 個の数の和として定義する．

11.3　$\boldsymbol{n}$ 次の行列式の性質

n 次の行列式についても，第 2 章で示した 3 次の行列式と同様の性質がある．それらの性質のなかには，ある行（列）の何倍かしたものを他の行（列）に加えても行列式の値は変わらないという性質がある．また，正方行列の積の行列式の値は，それぞれの行列式の値の積に一致するという性質もある．

第12章

外積ベクトル

物理学で用いられる外積ベクトルは，3次元空間特有のものであるが，行列式の意味を考えるうえでも重要である．その定義，および，性質とその証明は電子ファイルで示す．

12.1 座標空間の平行四辺形

座標空間の平行四辺形の面積を求める公式を示す．

12.2 矢線ベクトル

本書においては，ベクトルとは数ベクトルのこととして取り扱っている．数ベクトルとは座標空間における矢線ベクトルの概念を抽象化したものである．矢線ベクトルはそのイメージがとらえやすく，物理学における重要な概念である．

12.3 外積ベクトル

外積ベクトルを説明し，それを用いて3次の行列式の値が平行六面体の符号付きの体積であることを示す．

第13章
線　形　空　間

ベクトル空間を一般化した線形空間について，例を中心に電子ファイルで示す.

13.1　線　形　空　間

数ベクトル空間を一般化した線形空間について説明する．無限数列の集合や関数の集合が無限次元の線形空間の例となる.

13.2　線形空間の内積とノルム

線形空間における内積とノルムについて説明する．線形空間に内積が与えられると，数ベクトル空間の場合と同様にノルムが定まる．しかし，内積から定まったものではないノルムも考えられる.

索　引

た　行

な　行

は　行

や　行

ら　行

わ　行

著者略歴

押川元重
おしかわ もと しげ

1939年　宮崎県生まれ
1961年　九州大学理学部卒業
1963年　九州大学大学院理学研究科修士課程修了
現　在　九州大学名誉教授　放送大学客員教授
　　　　理学博士（九州大学）

主要著書

基礎線形代数（3訂版）（共著 培風館）1991
統計データ解析入門（培風館）2005
初歩からの微積分（共著 放送大学教育振興会）2006
テキスト 微分積分（サイエンス社）2013

サイエンス
ライブラリ　数　学＝35

テキスト 線形代数
——電子ファイルがサポートする学習——

2014年7月10日©　　初版発行

著者　押川元重　　発行者　木下敏孝
　　　　　　　　　印刷者　杉井康之
　　　　　　　　　製本者　関川安博

発行所　**株式会社　サイエンス社**

〒151–0051　東京都渋谷区千駄ヶ谷1丁目3番25号
営業　☎（03）5474–8500（代）　振替 00170–7–2387
編集　☎（03）5474–8600（代）　FAX（03）5474–8900

印刷　（株）ディグ　　製本　関川製本所

《検印省略》

ISBN978–4–7819–1344–5

PRINTED IN JAPAN

サイエンス社のホームページのご案内
http://www.saiensu.co.jp
ご意見・ご要望は
rikei@saiensu.co.jp　まで．